江西理工大学优秀博士论文文库
出版基金资助

非理想运行环境下分布式虚拟同步发电机控制策略研究

胡海林　著

北　京
冶　金　工　业　出　版　社
2023

内 容 提 要

本书介绍了虚拟同步发电机基本原理、主电路结构及控制策略，提出了基于同步旋转坐标的电压型虚拟同步发电机电压电流控制环设计方法。针对虚拟同步发电机低电压穿越问题，提出了基于同步旋转坐标的分布式虚拟同步发电机低电压穿越控制技术，解决了瞬时及稳态输出电流的过流问题，实现了电网存在不对称故障时输出电流平衡。针对电网电压不平衡适应性问题，提出了协同虚拟同步发电机电流分序控制策略，实现了输出电流平衡及对有功功率和无功功率波动抑制的协同控制，提高了分布式虚拟同步发电机对不平衡电网的适应性；针对并联虚拟同步发电机带不平衡负载问题，提出了基于同步旋转坐标和虚拟复阻抗技术的虚拟同步发电机电压分序控制策略，实现了并联虚拟同步发电机带不平衡负载的优化控制。

本书可供高等院校电力电子及相关专业的研究生和教师阅读，也可供从事可再生能源发电和并网逆变器研究开发的工程技术人员参考。

图书在版编目(CIP)数据

非理想运行环境下分布式虚拟同步发电机控制策略研究/胡海林著.—北京：冶金工业出版社，2020.6（2023.8 重印）
ISBN 978-7-5024-8406-4

Ⅰ.①非…　Ⅱ.①胡…　Ⅲ.①分布式虚拟环境—同步发电机—控制系统—研究　Ⅳ.①TM341

中国版本图书馆 CIP 数据核字（2020）第 028354 号

非理想运行环境下分布式虚拟同步发电机控制策略研究

出版发行　冶金工业出版社　　**电　　话**　(010)64027926
地　　址　北京市东城区嵩祝院北巷 39 号　　**邮　　编**　100009
网　　址　www. mip1953. com　　**电子信箱**　service@ mip1953. com

责任编辑　张熙莹　美术编辑　郑小利　版式设计　禹　蕊
责任校对　郭惠兰　责任印制　窦　唯
北京建宏印刷有限公司印刷
2020 年 6 月第 1 版，2023 年 8 月第 3 次印刷
880mm×1230mm　1/32；4. 5 印张；119 千字；133 页
定价 36. 00 元

投稿电话　(010)64027932　投稿信箱　tougao@cnmip. com. cn
营销中心电话　(010)64044283
冶金工业出版社天猫旗舰店　yjgycbs. tmall. com
(本书如有印装质量问题，本社营销中心负责退换)

前　言

利用风力、太阳能等间歇性可再生能源的分布式发电技术是解决能源问题的重要途径，其在分布式可再生能源渗透率较低的情况下无需对输配电网络进行大规模改造，同时大量的可再生能源被就地消纳，提升了电力系统应对负荷增长的能力，延缓了对配电网进行升级改造的需求。随着分布式发电技术的大规模应用，分布式可再生能源在电力系统中的渗透率不断提高。由于以电力电子变流器为接口的分布式发电单元不具备同步发电机的惯性和阻尼，导致系统中的旋转备用容量及转动惯量相对减少，此时电力系统容易受到功率波动和系统故障的影响造成系统失稳。分布式虚拟同步发电机能够模拟同步发电机转动惯性及阻尼特性，使得分布式虚拟同步发电机除了能向电网提供电能之外，还能减弱分散的、大规模的分布式发电单元对电网带来的不利影响，为电网提供一定的支撑，为进一步提高可再生能源分布式发电的渗透率提供新的技术路线。分布式虚拟同步发电机接入中低压配电网，接入位置一般处于配电网末端，所处电网环境比较恶劣，如电网短路故障及电网电压不平衡情况时常发生，此时分布式虚拟同步发电机的运行机制及输出性能不仅关系到可再生能源的利用率，而且对电网安全稳定运行造成影响。分布式虚拟同步发电机离网运行时，分布式虚拟同步发电机带不平衡负载能力弱，分布式虚拟同步发电机等效输出阻抗以及输电线路阻抗的差异影响功率分配精度及电流环流大小，其不平衡负载控制技术及并联控制技术存在诸多技术难题。因此，研究分布式虚拟同步发电机并网运行时的电网适应性、离网运行时的负载适应性及并联控制技术，不仅关系到其自身的安全可靠运行，同时对于构建高可靠性、高渗透率电力系统具有极其重要的理论研究价值和现实意义。

本书共6章。第1章分析分布式发电产生和发展的背景、概念及国内外发展现状，引入虚拟同步控制策略，并对虚拟同步控制策略的发展历程和研究现状进行归纳，指出分布式虚拟同步控制策略的适应性问题值得深入研究。第2章概述虚拟同步发电机基本原理，对虚拟同步发电机主电路结构及控制策略进行详细介绍，对虚拟同步发电机主要控制参数对稳定性及动态性能的影响进行分析，并给出控制参数整定的具体方法。第3章研究了基于同步旋转坐标的分布式虚拟同步发电机低电压穿越控制技术，解决了瞬时及稳态输出电流的过流问题，实现电网存在不对称故障时输出电流平衡。第4章对电网电压不平衡时的虚拟同步发电机控制技术进行研究，提出了改进虚拟同步发电机电流分序控制策略，实现了输出电流平衡及对有功功率和无功功率波动抑制的协同控制，提高了分布式虚拟同步发电机对不平衡电网的适应性。第5章研究了基于同步旋转坐标和虚拟复阻抗技术的虚拟同步发电机电压分序控制策略，实现了并联虚拟同步发电机带不平衡负载的优化控制。第6章对本书的研究工作及成果进行了总结，并对未来的工作提出了建议。

本书由江西理工大学资助出版。在完成本书过程中，本人在国防科技大学智能科学学院控制科学与工程博士后流动站从事博士后科研工作，感谢国防科技大学智能科学学院提供的良好科研条件，为本书研究工作的梳理与提炼提供了有力支持。本书研究工作得到了南昌大学万晓凤教授、余运俊副教授和国防科技大学龙志强教授的帮助，并受到国家国际科技合作专项项目“分布式光伏微网电能质量控制机理及关键技术”（批准号 2014DFG72240）、国家自然科学基金项目“基于稀疏编码字典的光伏逆变器闭环故障诊断”（批准号 61563034）、江西省高等学校科技落地计划项目“光伏微网智能控制器关键技术研究”（批准号 KJLD14006），以及江西省教育厅科学技术研究项目“基于储能虚拟同步发电机的微电网频率优化”（批准号 GJJ180487）的资助，在此一并表示衷心的感谢！

由于作者水平所限，书中不足之处，敬请广大读者批评指正。

胡海林

2019 年 9 月于江西理工大学

目　　录

1 绪　　论

1.1 分布式发电概述

物质资料生产是人类社会存在和发展的基础，而现代社会物质资料的生产活动离不开能源。随着人类社会的发展，煤炭、石油、天然气等化石能源消耗量剧增，能源短缺问题日益突出，同时化石能源的大量生产和消费导致严重的生态破坏和环境污染问题。开发可再生新能源和提高可再生能源利用效率是解决人类能源问题的必然途径，因此风能、太阳能、沼气、地热及潮汐等可再生能源的开发利用得到世界各国的重视。2015 年，全球新增发电装机中，可再生能源装机容量首次超过常规能源，表明全球能源结构正在发生转变。尤其是德国、美国等发达国家的可再生能源发电比例逐年增加，2017 年上半年，德国可再生能源发电比例达到 35%；2017 年第一季度，美国可再生能源发电占总发电量的比例达到 19%。印度、巴西、沙特阿拉伯以及南非等发展中国家也都在大力建设可再生能源发电项目[1,2]。截至 2016 年底，我国可再生能源发电装机容量 570GW，其中水电装机 332GW、风电装机 149GW、光伏发电装机 77.42GW，非化石能源占一次能源消费的 13.3%。2016 年全年我国全部可再生能源发电量 1.38 万亿千瓦时，占全部发电量的 22.5%；风力发电量 2410 亿千瓦时，光伏发电量 662 亿千瓦时，占全部发电量的 3.9%和 1.0%。2016 年 12 月国家发改委印发《可再生能源发展“十三五”规划》，制定了未来 5 年我国可再生能源的宏观发展计划，明确了到 2020 年、2030 年非化石能源占一次能源消费的比重分别达到 15%、20%的总体发展战略目标。到 2020 年，全部可再生能源发电装机 680GW，发电量 1.9 万亿千瓦时，占全部发电量的 27%，其中风电发电量 4200 亿千瓦时，光伏发电量 1700 亿千瓦时，占全部发电量的比重分别达到6%和2.4%。

可再生能源发电形式主要分为两种：分布式发电（distributed generation，DG）和集中式发电。分布式发电是指利用分散存在的可再生能源，例如风能、太阳能、小型水能及潮汐能等，来进行发电供能的技术，通常接入中低压配电网中，分布式发电通常布置在用户附近，就地消纳，其发电功率一般在几千瓦至数十兆瓦之间。分布式发电具有以下特征：电网企业不对分布式发电单元进行集中规划和调度；分布式发电单元的容量一般在几十兆瓦以下；分布式发电单元通常接入中低压配电网中，接入电压范围一般在380V/220V~35kV之间。集中式发电是通过利用荒漠地区丰富和相对稳定的可再生能源构建大型电站，集中式发电通常接入高电压等级的输电网中，产生的电能需要远距离传输，运行状态由调度中心统一分配与调度，如美国加利福尼亚州579MW的Solar Star，印度648MW的Kamuthi太阳能电站，以及我国850MW的龙羊峡水光互补并网光伏电站等。集中式发电系统一般选择可再生能源相对集中，并且人员相对稀少的地区进行建设，通常这些地区用电负荷低，电力就地消纳能力差，产生的电力需要进行长距离输送，对现有输电网络产生较大影响；同时由于可再生能源的波动性，对电网是一个较大的干扰源，因此常出现可再生能源弃电现象。在电力负荷高的经济发达地区，适于建设可再生能源发电系统的地点相对面积较小而且分散，不适合建设集中式电站，而分布式发电可以就地消纳，无需对输配电网络进行大规模改造升级，发展分布式发电具有极大现实意义。

以光伏发电为例，许多国家都充分重视并大力扶持太阳能光伏产业的发展。截至2016年底，全球累计光伏发电装机达310GW。光伏发电系统发展前期，分布式光伏发电系统发展规模和速度都领先于集中式光伏发电系统，其原因是率先发展光伏发电的发达国家基于分布式光伏发电系统分散安装、就地消纳，以及在低渗透率应用环境下无需对电网进行改造等特点，都优先发展分布式光伏发电系统，如美国的百万太阳能屋顶计划、德国的10万屋顶计划及日本和英国等国家出台的鼓励政策，使得分布式光伏发电系统在光伏发电发展前期成为主流。随着集中式光伏电站的发展，特别是近几年我国集中式光伏发电的大规模发展，使得集中式光伏电站的比重逐年增加。全球分布式光伏发电的占比从 2009~2013 年的平均 80% 以上，到 2013 年底下降到 60%，到 2018 年底降至 50%左右[3]。

由于我国太阳能资源分布特点及经济发展特点，在西部地区发展集中式光伏电站的效益明显，同时由于相应的政策支持，如 2008 年底开始执行的大型光伏电站的特许权招标以及 2011 年出台的光伏电站上网优惠电价政策，使得集中式光伏发电系统迅速发展，成为目前我国光伏发电的主体。而分布式光伏发电系统的规模化应用，得益于 2009 年开始实施的太阳能光电建筑应用示范工程和金太阳示范工程，至 2015 年 6 月，我国分布式光伏发电系统的累计装机达到 5.71GW，占光伏发电系统累计装机的 15.96%，集中式光伏电站的占比高达 84.04%[3]。分布式光伏发展严重滞后，直到 2016 年开始出现改观，2016 年分布式光伏发电新增装机比 2015 年增长了 200%，达到 10.32GW。到 2017 年 6 月底，全国新增光伏发电装机 24GW，其中集中式光伏电站 17GW，同比减少 16%；分布式光伏 7GW，同比增长 2.9 倍。国家发改委印发的《太阳能发展“十三五”规划》计划到 2020 年底光伏发电装机达到 105GW 以上，其中集中式光伏电站 45GW，分布式光伏 60GW 以上。截至 2019 年 6 月底，全国光伏发电累计装机 18559 万千瓦，同比增长 20%，新增 1140 万千瓦。其中，集中式光伏发电装机 13058 万千瓦，同比增长 16%，新增 682 万千瓦；分布式光优发电装机 5502 万千瓦，同比增长 31%，新增 458 万千瓦。由以上分析可知，在国家和企业的双重推动下，以风能、太阳能为主的可再生能源将会越来越多地被接入到电网系统中，接入方式也将从以集中式为主转变为集中式与分布式对等并存。

1.2 分布式发电单元接入配电网面临的挑战

随着分布式发电技术的日益成熟、综合成本的不断下降以及各国政府相关政策的支持，分布式发电技术得到越来越广泛的应用。但是日益增多的各种分布式发电单元的并网运行，在一定程度上威胁到了配电网的安全稳定高效运行；同时由于分布式发电单元运行环境的复杂性，对分布式逆变电源输出性能也提出了更高要求，具体表现为以下几个方面：

（1）分布式发电接入对配电网安全稳定运行的负面影响。分布式能源需要通过电力电子变流器接入电网，风能和太阳能通常通过电流型变流器接入电网，以向电网注入最大功率为目标。当分布式发电装机容量相对较低时，系统中原有的传统同步发电机可以为电力系统提供足够支撑，分布式发电单元接入不会对系统的稳定性造成威胁。随着分布式发电单元的大规模接入，传统同步发电机的装机比例逐渐下降，由于以电力电子变流器为接口的分布式发电单元不具备同步发电机的惯性和阻尼，导致系统中的旋转备用容量及转动惯量相对减少，此时电力系统容易受到功率波动和系统故障的影响造成系统失稳。随着分布式可再生能源渗透率的不断提高，分布式发电单元对电力系统稳定性造成的威胁将增大[4]。

（2）分布式发电接入恶化配电网电能质量：

1）造成电网频率波动。当分布式发电单元容量相对较小时，其启停对电网频率影响较小；但是当分布式发电渗透率较高时，分布式发电单元输出有功功率的波动将打破电力系统的有功功率平衡，导致电网频率波动。

2）影响电网电压。分布式发电单元接入位置、容量以及出力大小，很大程度上会影响线路电压分布。同时分布式发电单元大规模接入将破坏系统的无功功率平衡，对系统电压稳定性造成负面影响[5]。

3）造成电压闪变问题。以往的电网电压闪变都是由负荷的改变而引起的，分布式发电单元大规模应用后，分布式发电单元的不断启停将会造成电网电压的波动，引起电压出现闪变问题。同时，分布式发电单元与系统中的电压控制设备相互作用也有可能造成系统电压的闪变[6]。

4）对电网谐波造成影响。由于分布式发电单元中存在大量电力电子器件，势必引入大量的谐波；同时，分布式发电单元之间的谐波谐振，可能导致系统中出现严重的谐振过电压或谐振过电流，对配电网安全稳定运行造成极大威胁[7]。

（3）分布式发电对配电网潮流的影响。传统配电网为辐射形网络，潮流方向一般由发电设备侧指向用电设备端。当配电网中含有分布式发电单元时，由于其出力曲线各不相同，尤其是当系统中存在一些出力具有很大的波动性和随机性的可再生能源，将导致系统中潮流的方向和大小变化不定，同时系统中潮流分布还受到分布式发电单元容量、接入位置等因素的动态影响[8,9]。

1）对配电网继电保护的影响。分布式发电单元的接入改变了配电网的网络结构和短路电流大小，分布式发电单元的特性、接入位置及容量大小影响继电保护的设置与整定[10]。

2）对配电网规划造成影响。传统的配电网规划方法是根据空间负荷的预测结果和现有网络情况，综合考虑建设成本，最终确定最优建设方案。然而在大规模分布式发电单元接入后，传统的配电网规划方法变得不再适用，主要表现在以下几个方面：分布式发电单元的就地消纳功能，影响负荷预测的准确性；配电网规划需要综合考虑配电网中各节点的分布情况，分布式发电节点的位置和容量对整个电网的安全性和稳定性产生巨大影响，随着分布式发电节点数的增加，电网网络布置最优方案的确定变得更加困难；除此之外，政府部门出台的能源政策及法规，以及独立的分布式发电个人、企业与电网公司的利益博弈也将会影响整个电网的规划[11]。

3）对配电网运行控制的影响。分布式发电单元接入后，大量分散的小容量分布式逆变电源对调度系统而言是“不可见”“不可控”或“不易控”的，导致包含分布式发电单元的电网信息采集、开关操作、能源调度和管理等过程变得十分复杂，必须对分布式发电单元建立全面检测、控制和调度，才能实现对高渗透率配电网的统一调度和管理[11,12]。

（4）大部分分布式发电单元安装在电网末端，远离电力主干网络，电网普遍较为脆弱，同时电网环境较为复杂，例如易发生电网短路故障、电网电压谐波含量高、电网电压不平衡以及电网阻抗较大等，这些非理想电网运行环境将直接影响分布式发电单元注入电网电能的质量，影响分布式发电单元的安全运行，同时也对电网安全稳定运行造成负面影响。因此，研究并网运行分布式发电单元对复杂电网环境的适应性及其优化控制策略，对提高分布式发电单元输出电能质量、扩大可再生能源分布式发电在发电市场的应用具有重要的意义。

(5) 离网运行分布式发电单元需要为关键负载提供满足电能质量要求的电能。离网模式下几种典型的复杂应用问题包括：带不平衡负载的输出电压平衡问题，带非线性负载的输出电压谐波问题，并联分布式发电单元的功率分配问题及电流环流抑制问题。离网模式下的分布式发电单元的负载适应性问题及并联输出性能，同样也关系到再生能源分布式发电单元的能否大规模应用，具有重要的研究价值。

电力系统正面临从集中式发电向分布式发电的转变，大量分布式发电单元接入电网，给电网的安全稳定高效运行带来了前所未有的挑战，对配电网技术及并网接口设备提出了新的要求。在分布式能源大量接入的背景下，要求其并网接口设备具有更高的稳定性和可控性，并且能够参与维持电网电压及频率稳定，具有一定的电网支撑能力，如具备平滑功率输出、调峰能力、调频能力、故障穿越能力、电网适应能力及负荷适应能力，成为电网友好型发电设备。电网友好型的分布式逆变电源控制方法成为学术和工程界的研究热点，基于将分布式逆变电源通过控制策略模拟成同步发电机的思想，虚拟同步发电（virtual synchronous generator，VSG）技术孕育而生，虚拟同步控制策略实现了分布式逆变电源的同步机化，使得分布式逆变电源具备同步发电机类似的外部特性，可以与同步发电机一样自主地参与电网的调节，理顺了分布式逆变电源与大电网的关系，为分布式发电技术大规模应用扫清障碍。虚拟同步发电机惯量和阻尼特性可灵活调节，从而提高了电力系统可控性、安全性及稳定性，同时降低了由于分布式发电大规模接入带来电网投资成本[13,14]。

1.3 分布式逆变电源控制策略研究现状

并网逆变器作为分布式能源接入电网的接口，是分布式电源接入电网性能的决定性因素。根据拓扑结构的不同，并网逆变器可分为单级式、两级式，单相、三相，两电平、三电平、多电平等多种，无论何种拓扑结构，逆变单元都是其必不可少的部分。两级式系统分别由 DC/DC 和 DC/AC 两级功率变换电路构成，而单级系统由 DC/AC 组成。对于两级并网系统，DC/DC 功率变换利用升压电路将 PV 电池输出直流电压提升到并网点电压要求电压等级，并实现 PV 的最大功率点跟踪（MPPT）功能，而 DC/AC 逆变单元用于控制输出电压或电流。因此后级的逆变单元是整个分布式逆变电源的核心，逆变单元的控制策略决定着并网逆变电源的工作状态，影响输出性能，是分布式能源接入电网的基础和关键，也是本书的研究重点，下面针对分布式逆变电源控制策略的研究现状进行归纳[15,16]。

1.3.1 传统控制策略及电网友好型控制技术

分布式逆变电源的控制策略多种多样，不同的控制策略所要达到的效果和控制目的不尽相同，每种控制策略各有优缺点，且控制方法有多种分类形式，根据控制器级数可以分为单环控制和多环控制，根据控制器控制量坐标系可以分为三相静止坐标系、两相静止坐标系及两相旋转坐标系，根据内环控制器类型可以分为线性调节器与非线性调节器[17]。其中线性调节器包括比例积分调节器（proportional integral，PI）、比例谐振调节器（proportion resonance，PR）、无差拍调节器。PI 调节器通常应用于同步旋转坐标，算法易于实现；PR 调节器一般用于静止坐标，理论上可以实现参考量的无差跟踪，算法实时性好；无差拍调节器一般用于静止坐标，比其他的线性调节器具有更快的动态响应。非线性调节器主要包括滞环调节器、模糊调节器、神经网络调节器、滑膜变结构调节器。由于分布式逆变电源本身的非线性特性，非线性控制策略比线性控制策略具有更好的动态性能。根据控制策略功率环进行分类可以分为恒功率控制（PQ 控制）、恒压恒频控制（V/F 控制）、下垂控制（Droop 控制）及虚拟同步控制（VSG 控制）。

V/F 控制多应用于离网运行模式，用于维持逆变器接口输出电压和频率稳定，此时逆变电源输出功率随负荷的变化而变化。其控制思想为将逆变电源输出端口的电压和频率与电压、频率设定参考值进行比较，经过电压电流控制环节获得相应的调制信号，控制功率器件通断，控制逆变器的输出电压和频率满足要求。

传统 PQ 控制多应用于并网运行模式，其实质上是基于同步旋转坐标系解耦的电流型控制策略，能够实现有功功率及无功功率的解耦控制。其控制思想为通过测量电网电压和逆变电源输出电流，计算逆变电源输出的有功功率和无功功率，再与功率参考值进行比较，经电流控制环后得到相应调制信号，控制功率器件通断，实现对逆变电源输出电流的控制，最终实现指定功率输出。PQ 控制一般工作于并网模式，电力系统内负荷波动、频率和电压扰动均由电网承担，系统的稳定与平衡由大电网承担，PQ 控制无法对电力系统提供支撑，随着分布式电源渗透率的提高，电力系统发生故障的概率也随之增大。在一定工况下，基于 PQ 控制方式的逆变电源对电网稳定性及电能质量将产生负面作用[17]。

为了改善基于 PQ 控制的分布式逆变电源输出性能，有些学者提出采用非线性控制器，从逆变器本身的开关特性来说，其是典型的非线性系统，传统的解耦控制中均先将系统近似线性，在此过程中，引入许多不确定因素。采用非线性控制器，使得控制策略与逆变器具有更强的适应性，从而获得更好的控制性能。文献［18~22］采用的滞环控制、无源控制及滑模控制等多种非线性控制方法已被用到逆变器控制中，并取得了较好的控制效果。

分布式逆变电源接入点往往处于配电网末端，电网环境较为脆弱，容易发生故障且电能质量较差，其中较为常见的问题为短路故障、电网电压不平衡及谐波含量较高。因此，在电网发生以上故障时，保证分布式逆变电源持续不脱网工作同时保证良好的输出性能，是许多学者一直关注和研究的方向。文献［23~27］对分布式光伏并网逆变器低电压穿越性能进行了研究，采用输出限幅、接入撬棍电路及电压前馈等方法实现低电压穿越。文献［28~32］对双馈型发电机的（doubly fed induction generator，DFIG）采用接入撬棍电路、直流侧增加卸荷电路、改进励磁控制策略、增加动态无功补偿设备或改变转子侧变流器控制策略等方法实现 DFIG 的低电压穿越。

在不平衡电网电压环境下，基于 PQ 控制的逆变电源注入电网的电流三相不平衡，从而导致输出有功功率和无功功率中包含 2 倍电网频率的波动，对逆变电源及电网的安全稳定运行构成威胁。为改善电网电压不平衡环境下并网逆变器的运行性能，文献［33~35］提出在旋转坐标下，通过改进的电流控制策略，改善电压不平衡时分布式逆变电源的输出性能，但是由于锁相环以及坐标变换的存在大大增加了控制算法的复杂程度。文献［36~38］提出了基于静止坐标系的控制策略，文献［39~41］提出直接功率控制、电流预测技术实现不平衡电网电压下输出性能优化，并进行相关理论分析、仿真及实验，验证了所提控制策略的有效性。在故障电网下，针对锁相环自身性能以及引入的系统稳定性问题，文献［42~44］提出了无锁相环的控制策略。改进后的控制方法在一定程度上提高了分布式逆变电源对复杂电网的适应能力，对电网的安全稳定运行产生了一定的积极意义。但是改进 PQ 控制算法后，分布式逆变电源仍旧无法为电力系统提供支撑，只是被动地适应相对恶劣的运行环境，没能为提升电网稳定性和电能质量作出贡献。近几年，许多学者提出多功能并网逆变器的概念。多功能逆变器除了为电网输送一定功率之外，还具备一定的电能质量改善作用。文献［45~47］对多功能逆变器控制策略及多台协同问题进行了深入研究，为多功能并网逆变器理论的发展与完善提供了许多有益的借鉴与参考。多功能逆变器能够对电网电能质量进行主动治理，但是电能质量治理的一些功能要求与现有的并网逆变器并网标准相冲突，而且多功能逆变器的实现需要对现有逆变器拓扑及控制策略进行修改，实现相对复杂，多功能逆变器对电网的支撑能力十分有限。

大量分布式电源接入电网，对电网的安全、稳定、高效运行带来了诸多不利影响，最根本的原因在于分布式逆变电源与同步发电机存在本质区别，其不具备同步发电机的惯性与阻尼特性，而且过载能力弱。基于以上问题，一些学者提出通过采用适当的控制策略，使得分布式逆变电源能够模拟同步发电机某些特性。下垂控制，模拟同步发电机一次下垂特性，通过采样逆变器输出电压及电流得到实际输出功率，应用下垂特性将实际输出功率与功率给定值的差值转换为逆变器输出电压幅值和频率指令值，调节逆变器输出电压幅值和频率，实现多逆变器的并联运行[48,49]。下垂控制策略在离网工作模式下，可实现逆变器的即插即用，多逆变器之间无需通信即可实现功率有序分配[50]。文献［51］对并网模式下的下垂控制提出改进，改善并网模式下下垂控制的功率输出精度以及并离网模式切换性能。采用下垂控制策略的分布式逆变电源不能与同步发电机完全等效，其仅仅是模拟同步发电机的一次下垂特性，此外，下垂系数的设置对控制效果影响巨大[52]，下垂系数设计不当可导致系统的不稳定。另外，在离网工作模式时，由于系统主电路参数摄动、输电线路及控制参数的差异，传统下垂控制无法实现并联逆变器输出功率的精确分配[53]，文献［54~56］提出的改进下垂控制策略能够改善逆变器的输出功率分配效果及环流抑制。虽然下垂控制策略能在一定程度上改善逆变器的离网并联运行性能，但基于下垂控制的逆变电源同样不具备同步发电机的旋转惯性，不具备电网支撑能力，文献［57］在下垂控制中加入功率微分项，使得下垂控制具有一定的阻尼，提高了系统稳定性。

为降低分布式发电单元接入对电网的负面影响，同时充分发挥分布式发电单元积极作用，美国电力可靠性技术解决方案协会（The Consortium for Electric Reliability Technology Solutions，CERTS）提出了新的分布式发电单元组织形式——微电网（microgrid）。微电网实际上就是将分布式发电单元、储能装置及负荷等结合起来构成一个独立的配电子系统，它既可以与外部电网并网运行，也可以孤岛运行。微电网对于电网表现为单一的受控单元，可同时满足负荷对电能质量和供电安全方面的需求。当微电网独立运行时，能够维持对自身内部负荷的电能供应，配备独立发电设备的微电网可以为电网提供一定支撑。文献［58~61］对微电网的稳定性、微网运行模式切换技术、能源管理系统及规划设计方法进行了研究，有力地推动了微电网技术的发展和应用。微电网实际上是将分散在配电网内的分布式发电单元、储能系统及负荷组成一个配电子系统，再进行统一规划、设计、运行控制以及保护。在微电网内部，分布式逆变电源无法对微电网提供支撑，一般需要配备独立发电设备，大规模的分布式逆变电源的并网仍然对微电网稳定性构成严重威胁[62,63]。

总之，分布式逆变电源并网带来的电网稳定性问题本质上的原因是其不具备旋转惯性及阻尼特性，在系统出现功率不平衡时，基于电力电子器件的分布式逆变电源响应速度快，系统频率快速变化，从而影响到整个系统稳定性，且在分布式电源渗透率较高时，问题尤为突出。从以上对现有分布式逆变电源的控制策略的分析可知，PQ 控制策略及下垂控制为常用的控制策略，PQ 控制策略实质上基于旋转坐标系解耦的电流型控制策略，是分布式逆变电源普遍采用的并网控制策略，基于 PQ 控制策略的分布式逆变电源不能为电网提供支撑，只负责向电网输送尽可能多的功率。前期的 PQ 控制策略也基本不考虑其对电网造成的影响及对电网的适应性，随着研究的深入，PQ 控制策略的电网适应性问题以及基于 PQ 控制策略的分布式逆变电源与电网的交互影响问题取得一些研究成果和实际应用，这些研究成果在一定程度上提高了分布式逆变电源对电网的适应能力，对电网的安全稳定运行产生了一定的积极作用，但仍旧无法为电力系统提供支撑[64,65]。下垂控制通过模拟同步发电机的一次调频特性，使得并联分布式逆变电源在离网运行时，能够根据下垂特性实现功率的自动分配，实现分布式逆变电源的即插即用。虽然通过对下垂控制策略的改进可以使得其具备一定的阻尼，但是下垂控制策略还是不能从根本上解决分布式逆变电源并网带来的电网稳定性问题[66,67]。微电网能够减小分布式发电单元对大电网的冲击和负面影响，在一定程度上提高系统的安全性和可靠性，在配备独立发电单元后能为电网提供一定的支撑，但微电网技术也没有从根本上解决分布式发电单元带来的系统稳定性问题。

因此，如何使分布式逆变电源具有惯性和阻尼特性，在分布式能源大规模并网情况下保证系统总的惯性不下降，是分布式发电大规模应用引起电网稳定性问题的核心。围绕这个问题，许多学者进行了深入研究，虚拟同步控制策略孕育而生。虚拟同步控制策略通过模拟同步发电机的机械及电磁特性，使分布式逆变电源具有同步发电机的惯性特性与阻尼特性，从而使得分布式并网逆变器的暂态过程变得更加缓慢，为系统提供有效支撑，最终增强系统的稳定性[68,69]。与此同时，分布式虚拟同步发电机在复杂环境下的输出性能也十分关键，其不仅影响到分布式能源的利用率，同时还对电网的安全可靠运行产生影响，因此复杂环境下分布式虚拟同步发电机控制技术的研究具有重要研究意义。

1.3.2 虚拟同步控制策略

1997 年，IEEE Task Force 工作组中的 A-A. Edris 等学者首次提出了静止同步机（static synchronous generator，SSG）的概念[70]，在此概念基础上，2005 年荷兰代夫特科技大学的 Johan Morren、Sjoerd W. H. de Haan 等学者提出了利用微网逆变器参与系统电压和频率调节的观点，并分析了不同种类的微网逆变器的调节作用的差别，同时给出了分布式风力逆变电源模拟同步发电机转动惯量和一次调频特性的原理[71]。2007 年，由代夫特科技大学等 10 个科研机构联合启动了欧洲 VSYNC 研究项目，致力于研究利用储能系统提高电力系统稳定性。2007 年，德国劳斯克塔尔工业大学的 Beck 教授率先提出 VISMA（virtual synchronous machine）概念，通过模拟同步发电机数学模型，使得逆变器具有同步发电机的转动惯量与阻尼特性[72,73]。2008 年荷兰能源研究中心的 K. Visscher 等学者提出了虚拟同步发电机（virtual synchronous generator，VSG）概念，通过模拟同步发电机的动态机械方程及下垂特性，使得分布式逆变电源具有惯性和阻尼特性[74,75]。2009 年，英国拉夫堡大学的钟庆昌教授提出 Synchronverter 概念，通过模拟同步发电机的二阶电磁模型，使得分布式逆变电源获得类似同步发电机的电磁特性、转子惯性、调频和调压特性[76]。2011 年，日本大阪大学的 Toshifumi Ise 等学者提出通过虚拟同步控制算法构建有功频率控制，通过 PI 控制实现无功电压控制的思想，再根据功率控制环输出的电压幅值和相位指令驱动功率器件[77,78]。2011 年，美国佩特拉太阳能公司的 Hussam Alatrash 等学者提出了适用于单相逆变器的发电机模拟控制（generator emulation controls，GEC）方案，此方案相位直接由 PLL 输出得到，并通过设置感应电动势得到相应电压幅值[79]。2012 年，挪威工业科学院的 Salvatore D′Arco 与挪威科技大学的 Jon Are Suul 等学者提出 VSM（virtual synchronous machine）方案，通过在虚拟同步控制策略功率环之后增加电压电流控制环来增强系统输出性能，并对参数设计进行了分析[80,81]。国内清华大学、浙江大学、西安交通大学、南京航空航天大学、中国电力科学研究院、合肥工业大学、华北电力大学等高校及科研机构的研究团队也取得一定的研究成果，文献［82］对虚拟同步发电机同步频率谐振问题进行了研究，在建立和分析虚拟同步发电机动态模型的基础上，提出了两种阻尼控制策略抑制同步谐振，取得了很好的控制效果。文献［83］针对微网孤岛与并网运行模式的特点，提出了一种满足微网孤岛与并网模式切换的虚拟同步发电机控制策略，并通过仿真和实验验证了切换策略的有效性。文献［84］针对虚拟同步发电系统暂态过程时间过长以及出现的频率越限问题，通过对惯性和阻尼系数的自适应动态优化算法实现系统暂态性能的最优。文献［85］通过虚拟阻抗以及优化电流控制器的方法，改善虚拟同步控制策略带不平衡和非线性混合负载时的输出性能，实验和仿真表明改进后控制策略的有效性。2014 年，国家电网公司南瑞集团、许继集团完成 500kW 光伏虚拟同步发电机的工程应用。2016 年，国家电网公司在张北风光储输基地开展世界上规模最大的虚拟同步发电机示范工程建设，工程完成之后的调节能力达到 547.5MW[77]。至此，虚拟同步控制策略成为分布式发电的研究热点，得到全球学术界和工业界的高度重视。

基于虚拟同步控制策略的分布式逆变电源硬件电路主要包括变流器及储能单元，其变流器与传统变流器结构相同，储能环节存储模拟惯性及调频所需能量，通过有功功率的存储或者释放提供惯量来抑制电网频率突变。在光伏虚拟同步发电机系统中，储能单元一般为电池，在风力虚拟同步发电系统中风机叶轮的机械惯性能量可以作为储能单元。储能单元的容量需要根据模拟惯量大小以及参与系统一次、二次调频的需求决定。

虚拟同步发电机的分类方法多种多样，根据应用场景不同可以分为分布式的和集中式的，分布式虚拟同步发电机主要指光伏、风机等分布式可再生能源接入场景，集中式通常指的是电站级的接入，主要是大型储能虚拟同步发电机。根据调制信号的生成方式，可以分为直接式和间接式虚拟同步发电机技术，直接式的虚拟同步控制策略根据电压幅值和相位指令直接驱动变流器功率管，间接式的控制技术通常通过电压幅值和相位合成指令电压后，再经过电压电流控制环得到调制信号。根据虚拟同步发电机的建模方式，可以分为电磁暂态模型和外特性模型，钟庆昌教授提出的虚拟同步发电机控制模型考虑了同步发电机定子与转子间的电气与磁链关系，能够更加完整地模拟同步发电机的电磁暂态特征。若以模拟同步发电机的惯性与阻尼为主，则可以采用外特性模型，只考虑同步发电机的机械运动方程及定子电气方程，此时模型相对简单，易于实现。从对电网作用的角度进行分类，虚拟同步控制策略可以分为电流型和电压型。从电网的角度看，电流型虚拟同步发电机等效于受控电流源，通常运行在并网工作模式，接入电网一般是在分布式电源渗透率较低的强电网环境下；而电压型虚拟同步发电机等效于受控电压源，通常运行在离网模式或是分布式电源渗透率较高的弱电网环境下[76,78]。

虚拟同步控制策略转动惯量与阻尼系数的设置至关重要，在虚拟同步发电机控制技术的研究中，大部分的研究内容都集中在虚拟同步控制策略有功功率控制环的惯量与阻尼系数设计上，通过合适的参数设计，在保证稳定性基础上更加真实可靠地模拟同步发电机的旋转惯性与阻尼特性，与此同时，虚拟同步发电机惯性特征所需能量是由储能系统提供，所以其参数设计需要同时考虑储能系统状态及特征。

许多学者对虚拟同步发电机惯性及阻尼系数的设计进行了深入研究，文献［86］通过根轨迹法设计虚拟同步控制策略功率环控制参数，参数整定过程需要进行反复试凑。文献［87］将虚拟同步控制策略有功功率环等价为典型二阶系统，功率环的设计原则是保证系统阻尼比$\zeta=0.707$，整个功率环中有4个参数需要整定，无法都通过典型二阶系统设计原则得到，参数整定需要通过试凑法完成。文献［88，89］建立了虚拟同步控制策略的工频小信号模型，并证明在满足一定条件下有功环和无功环是近似解耦，有功下垂系数及无功下垂系数根据电网标准进行设计，再根据相角裕度和截止频率要求设计惯性系数。文献［90］通过小信号模型分析证明，虚拟同步控制策略具有更好的频率稳定性，但是容易出现低频振荡现象，并提出在进行参数整定时，除了考虑系统功率环稳定性，还需要结合储能系统状态进行综合考虑。文献［91］从降低储能系统运行成本角度，在满足系统频率稳定条件下，通过调整虚拟惯量与阻尼参数有效降低了储能单元的能量流动。文献［92］将虚拟同步控制策略应用到直驱永磁同步风机，并验证了虚拟同步控制策略能够有效抑制系统频率波动，增强系统频率稳定性，同时明确虚拟惯量的确定需要考虑风机运行状态。文献［93］明确了虚拟惯量与风机机械惯量的关系，可以通过控制风机转速以释放或存储动能，从而调整整个系统的惯量，对系统频率提供支撑。文献［94］建立了基于虚拟同步控制策略的双馈异步风力发电机小信号惯性动力模型，在整个频段范围内明确了功率环与速度环控制参数对虚拟惯量的影响。文献［95］建立了考虑储能系统约束条件下虚拟同步发电机的小信号模型，通过分析虚拟同步发电机输出动态特性，得到储能约束条件下的虚拟同步发电机参数整定边界。文献［96］综合考虑系统频率稳定性及电池储能系统荷电状态，调整功率分配权重，并通过建立小信号模型确定权重系数取值范围。

为进一步提高虚拟同步发电机稳定性，有学者提出通过自适应调整虚拟同步控制参数的方法减弱频率和功率的暂态振荡，并减小整个暂态过程时间，文献［97］提出了负惯量的概念，根据虚拟角速度及其变化率来动态调整虚拟惯量，用于缩短虚拟同步发电机的功率振荡过程。文献［98］提出根据系统暂态超调以及整体阻尼要求自适应调整虚拟惯量的虚拟同步控制策略。文献［99］建立虚拟同步控制策略下垂系数与频率变化率的数学模型，并依据频率变化率的大小动态调整下垂系数，减小暂态过程中的频率偏差。文献［100］通过李雅普诺夫稳定性理论，证明了虚拟惯量自适应控制能够改善系统稳定性。文献［101］建立了虚拟同步发电机的宽频域功率动态耦合模型，通过模型分析得出功率耦合加剧同步频率谐振的结论，提出采用增加有源阻尼控制的方法实现谐振抑制。

与此同时，对于虚拟同步发电机的电网适应性及负载适应性问题的研究相对较少，文献［102］提出了一种平滑切换的虚拟同步发电机低电压穿越控制方法，通过改进控制策略抑制模式切换造成的暂态电流，实现不同工况下的低电压穿越，整个控制策略需要进行模式切换，实现相对复杂。文献［103］分析直接电压式虚拟同步发电机控制方法在低电压穿越时的运行状态，提出采用虚拟电阻与相量限流法相结合的方法，在保证正常运行频率、电压动态支撑的前提下，实现虚拟同步发电机的低电压穿越，文献只对故障电流进行限制，没有对无功电流支持及故障清除后功率恢复进行分析。文献［104］通过在同步旋转坐标系下重新设计电流指令值的方法，实现电网电压不平衡下的虚拟同步发电机输出电流平衡，该方法实现简单，但是此时没有考虑输出有功功率及无功功率波动情况。文献［105］对虚拟同步发电机带不平衡负载的运行情况进行分析，在此基础上提出采用正负序阻抗重构的控制方法，实现负序电压抑制。

通过对虚拟同步发电机控制技术的发展历程和研究现状的分析可知，在现阶段虚拟同步控制策略的研究中，大多数学者的研究对象还是集中在单台虚拟同步发电机设备有功功率控制环节，研究工作基本都在围绕功率环的稳定性及参数整定方法进行。由于分布式虚拟同步发电机接入环境比较复杂，虚拟同步发电机运行性能易受到电网及负荷等因素影响，而分布式虚拟同步发电机运行性能是决定其应用的关键，针对分布式虚拟同步发电机适应性的研究相对较少，这将严重制约分布式虚拟同步发电机的推广与应用，因此在复杂环境下对分布式虚拟同步发电机控制算法的研究极具学术价值及工程意义。例如，电网电压三相不平衡、电网短路故障时分布式虚拟同步发电机的运行性能问题，离网模式下分布式虚拟同步发电机带不平衡负载及分布式虚拟同步发电机并联输出性能问题。

2 分布式虚拟同步发电机控制策略

随着分布式发电单元的大规模应用，电力系统中分布式能源渗透率不断提高，由于分布式能源的接入接口设备为不具备惯性与阻尼特性的电力电子变流器，不能为系统频率和电压提供支撑，因此随着传统同步发电机的占比的减小，系统中总的惯性和阻尼也随之减小，威胁到电力系统稳定性，并限制了分布式能源渗透率的进一步提高。通过虚拟同步控制策略模拟同步发电机特性，使得分布式逆变电源具有一定的惯性与阻尼，分布式发电单元能够对系统频率和电压提供一定支撑，增加系统总的惯性与阻尼，为系统稳定性作出贡献，是进一步提高分布式能源渗透率有效的解决办法。

在传统同步发电机中，惯性和阻尼的大小对系统稳定性有着至关重要的影响，在虚拟同步发电机中，其控制策略的惯性系数和阻尼系数的设置也同样至关重要，同时为了模拟同步发电机一次调频及一次调压特性，其下垂系数的设计也应该满足电网相关要求。本章首先对同步发电机基本原理进行介绍，之后对虚拟同步发电机主电路、虚拟同步控制策略功率控制环设计进行说明，并提出基于旋转坐标的电压型虚拟同步发电机电压电流控制环设计方法；之后建立虚拟同步发电机并网及离网模式下的小信号模型，利用根轨迹法对虚拟同步发电机稳定性和瞬态响应特性进行分析，并分析惯性系数及阻尼系数对系统性能的影响，给出参数整定具体方法，通过仿真和实验验证其正确性及合理性[65]。

2.1 虚拟同步发电控制策略

虚拟同步控制策略是基于同步发电机原理建立的控制方法，因此在介绍虚拟同步控制策略原理之前，先对同步发电机基本原理进行说明。

2.1.1 同步发电机基本原理

虚拟同步发电机主要模拟同步发电机的惯性与阻尼、有功调频及无功调压特性，从而提高逆变电源电网友好性，并为电网提供一定支撑，提高系统稳定性。同步发电机由机械和电气两部分组成，首先对同步发电机机械部分及电气部分进行建模，同时考虑同步发电机一次调频特性及励磁特性，分别对调速器及励磁调节器进行分析与建模。

同步发电机转子机械运动方程反映了同步发电机转子惯性及阻尼特征，转子运动方程表达式可表示为：

$$J\frac{\mathrm{d}\Omega}{\mathrm{d}t} = T_{\mathrm{m}} - T_{\mathrm{e}} - D(\Omega - \Omega_{\mathrm{n}}) \tag{2-1}$$

式中　J——同步发电机转动惯量，kg · m^2；

Ω——转子机械角速度，rad/s，

Ω_{n}——额定机械角速度；

T_{m}——机械转矩，

T_{e}——电磁转矩，N · m；

D——阻尼系数。

当转子极对数为 1 时，转子电角速度 $\omega = \Omega$，转子运动方程采用电气量可表示为：

$$J\frac{\mathrm{d}\omega}{\mathrm{d}t} = \frac{P_{\mathrm{m}}}{\omega} - \frac{P_{\mathrm{e}}}{\omega} - D(\omega - \omega_{\mathrm{n}}) \tag{2-2}$$

式中　P_{m}——机械功率，$P_{\mathrm{m}} = T_{\mathrm{m}}\omega$；

P_{e}——电磁功率，$P_{\mathrm{e}} = T_{\mathrm{e}}\omega$；

D——阻尼系数；

ω_{n}——额定电角频率。

由于同步发电机转子惯性的存在，使得同步发电机在机械功率与电磁功率不平衡时，转速下降过程变得缓慢，输出频率具有一定的抗扰动能力。而阻尼特性的存在，使得同步发电机具有抑制功率振荡的能力。

当同步发电机为极对数为 1 的隐极式同步机时，不考虑同步发电机电磁特性，忽略磁饱和及涡流损耗，同步发电机定子电气方程可表示为：

$$e_{abc} = u_{abc} + R_s i_{abc} + L_s \frac{\mathrm{d}i_{abc}}{\mathrm{d}t} \tag{2-3}$$

式中 e_{abc}——同步发电机 abc 三相电枢感应电动势；

u_{abc}——同步发电机定子端电压；

i_{abc}——同步发电机电枢电流；

R_s——三相定子绕组电阻；

L_s——同步电抗。

同步发电机一次调频由调速系统完成，单台机组调速器方程可以表示为：

$$P_m = P_0 + m(\omega_0 - \omega) \tag{2-4}$$

式中 m——调差系数，表明发电机组负荷变化时对应的转速偏移；

P_0——负荷功率；

P_m——发电机有功功率指令。

考虑调速系统的机械结构的惯性，调速系统传递函数表示为：

$$P_m = P_0 + \frac{1}{R}\frac{1}{T_G s + 1}(\omega_0 - \omega) \tag{2-5}$$

式中 T_G——调速系统时间常数。

同步发电机励磁系统由励磁功率单元及励磁调节器两部分组成，励磁系统的主要作用：控制电压，维持发电机端电压或者指定控制点电压在给定水平；实现并联同步发电机无功功率的有序分配；提高系统稳定性。

实际运行时，同步发电机一般采用正调差系数，根据同步发电机励磁调节器的调差单元特性，其具有发电机端电压下降而无功电流增加的特性。在同步发电机并联无穷大系统时，励磁电流只改变发电机输出无功功率及功率角大小，发电机输出有功功率只受调速器控制，与励磁电流大小无关。因此，同步发电机励磁调节器方程可以表示为：

$$Q_m - Q_0 = n\,(U_0 - U) \tag{2-6}$$

式中 Q_m——发电机无功功率指令；

Q_0——负荷功率；

U_0——参考电压指令；

U——实际电压值，

n——调差系数。

2.1.2 虚拟同步发电机原理

虚拟同步发电机实质上是通过特定的控制策略，使分布式逆变电源具有与同步发电机类似的外特性。虚拟同步发电机惯性功率一般由系统自身旋转体机械动能或者外置储能单元提供。在光伏虚拟同步发电机系统中一般由直流母线上的储能装置提供，储能系统一方面用于抑制光伏出力的功率波动，另一方面为系统提供惯性功率。而在风力虚拟同步发电系统中，既可以通过增加储能装置提供惯性功率，也可以直接利用转子动能的释放和存储为电网提供频率稳定支撑。虚拟同步发电机控制策略基本原理框图如图 2-1 所示。

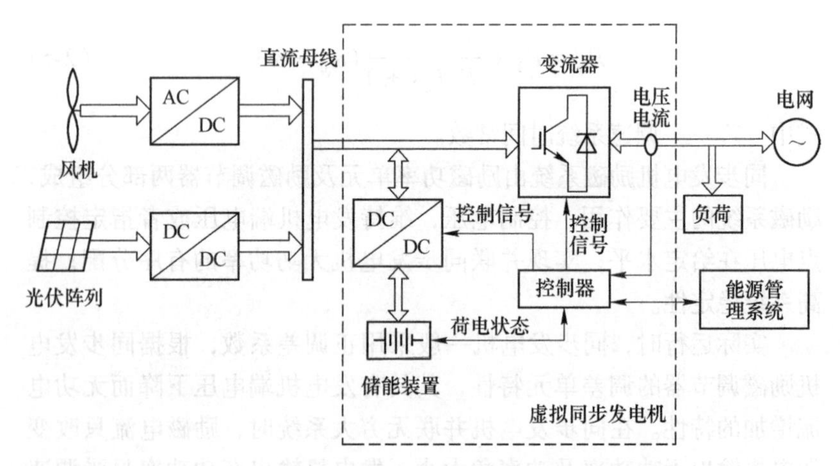

图 2-1 虚拟同步发电机控制策略基本原理框图

图2-1中，分布式可再生能源作为系统的能量来源，通过升压装置得到直流母线，在直流母线上连接带有双向直流变换器的储能单元。电力电子变流器作为分布式能源并入电网的接口，实现分布式能源与电网间的能量交换。三相发电系统变流器常使用电压型三相桥式拓扑，采用绝缘栅双极性晶体管（insulated gate bipolar transistor，IGBT）作为开关器件。控制器一般采用数字信号处理器，控制器通过采用采样直流母线电压电流、逆变器输出电流、电网电压、电网频率、储能单元荷电状态，并根据能源管理系统指令，采用虚拟同步控制策略，使得分布式逆变电源能够模拟同步发电机特性，成为虚拟同步发电机，为电力系统稳定提供支撑。

2.2 分布式逆变电源虚拟同步控制策略

2.2.1 虚拟同步发电机主电路

虚拟同步控制策略的本质是通过控制策略将分布式逆变电源模拟成同步发电机，从而使分布式逆变电源获得类似同步发电机的运行特性。因此，虚拟同步发电机的变流器主电路与分布式逆变电源相同。目前最常用的并网逆变电源是三相电压型桥式逆变器，其输出相电压由两种电平组成，因而被称为两电平逆变器。两电平逆变器结构简单、使用方便，但是其直流母线电压利用率低，交流侧输出的电压、电流谐波较大，功率管开关应力大，容易损坏，因此两电平逆变器的应用存在一定局限性。鉴于两电平逆变器的不足，新兴的多电平逆变器在高压、大功率应用场合上的明显优势逐渐引起人们的注意。它采用改进逆变器主电路内部结构的方式，令功率器件在基准频率以下工作，不仅减小了功率器件的开关应力，而且实现了改善逆变器输出电压波形的目的。除此之外，多电平逆变器还具有功率器件串联均压、开关损耗小、输出电压波形谐波含量低、电磁干扰问题小和工作效率高等优点，因此多电平逆变器在高电压大功率系统受到越来越多的关注。

随着多电平逆变器的逐渐应用，其工作的可靠性、稳定性、可维护性愈发重要。但是多电平逆变器中的电平数每增加一个，都会导致主电路中的功率管数量成倍增加，主电路相应的拓扑结构和内部控制策略也会变得更加复杂，这些改变无疑会大大提升多电平逆变器的故障概率，降低逆变系统的工作可靠性。多电平逆变器一旦发生故障，轻则造成工矿企业停产，重则造成严重的、灾难性的事故，会给使用部门及社会造成巨大的损失和影响。为了改善多电平逆变器的可维护性，人们找到了降额或使用并联冗余元件的方法设计多电平逆变器的主电路，但是这些方法的应用成本过高，难以得到普及应用。近年来，国内外研究人员针对上述难题提出了多电平逆变器的容错技术，然而容错技术得以实现的关键在于多电平逆变器故障的自动诊断，因而研究多电平逆变器的故障自诊断问题是提高多电平逆变器工作可靠性的重中之重。所谓逆变器的故障自诊断其实包括故障特征的自动检测和故障类型的自动诊断两方面内容。

本书研究虚拟同步控制策略，以较为常用的两电平逆变器作为研究对象，虚拟同步发电机主电路如图 2-2 所示，在研究虚拟同步控制策略时，忽略分布式能源自身的动态响应以及储能系统对虚拟惯性的影响，认为直流母线电压稳定且储能装置能够按照要求提供

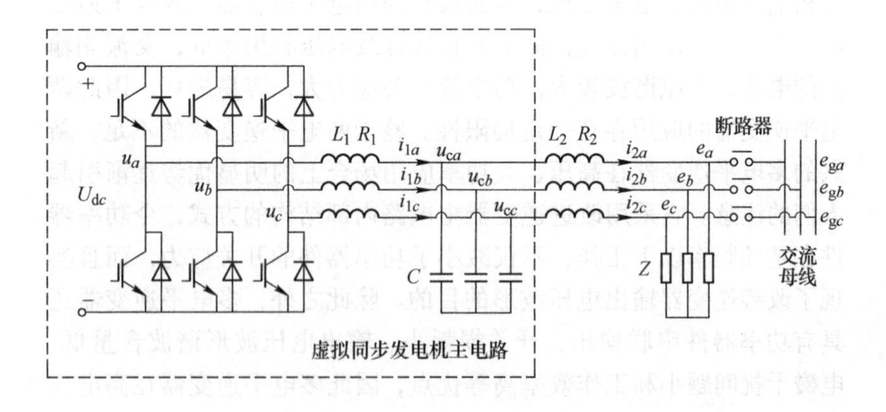

图 2-2　虚拟同步发电机主电路

足够的惯性功率。图 2-2 中，变流器通过断路器接入电网，U_{dc}为直流侧电压；R_1、L_1 和 C 分别为滤波电感内阻与功率器件内阻之和、滤波电感及滤波电容；R_2、L_2 为输电线路阻感；Z 为负载；i_{1a}、i_{1b} 和 i_{1c}为变流器侧电感电流；i_{2a}、i_{2b}和 i_{2c}为网侧输出电流；u_a、u_b 和 u_c 为变流器桥臂中点电压；u_{ca}、u_{cb}和 u_{cc}为滤波电容电压（即虚拟同步发电机机端电压）；e_{ga}、e_{gb}和 e_{gc}为三相电网电压。

2.2.2 虚拟同步控制策略功率控制环

同步发电机转子具有一定惯性，可以抑制电网频率短时间突变，将同步发电机惯性及阻尼环节引入分布式逆变电源控制策略中，根据同步发电机转子运动特征方程式（2-2），虚拟同步控制策略有功功率控制方程为：

$$
\begin{aligned}
J\frac{d\omega}{dt} &= T_{set} - T_{out} - K_p(\omega - \omega_n) \\
&= \frac{P^*}{\omega} - \frac{P_0}{\omega} - K_p(\omega - \omega_n) \approx \frac{P^*}{\omega_n} - \frac{P_0}{\omega_n} - K_p(\omega - \omega_p)
\end{aligned}
\tag{2-7}
$$

式中 J——虚拟转动惯量；

P^*——逆变电源有功功率指令值；

T_{set}——虚拟机械转矩，$T_{set} = \frac{P^*}{\omega} \approx \frac{P^*}{\omega_n}$；

P_{out}——输出有功功率；

T_{out}——虚拟电磁转矩，$T_{out} = \frac{P_0}{\omega} \approx \frac{P_0}{\omega_n}$；

K_p——阻尼系数；

ω——虚拟电角频率；

ω_p——并网点实际电角频率。

同步发电机通过对机械转矩的调节，实现输出有功功率调整，并通过调速器对电网的频率偏差做出响应；同理，在系统负载有功功率变化，频率出现偏差时，可以通过调节虚拟同步发电机虚拟机械转矩来调整有功功率输出，使得系统重新达到能量平衡。在虚拟同步发电机并联时，可根据频率偏差，调节各自有功功率的输出，实现输出有功功率的有序分配。虚拟同步发电机频率响应的调节，可以通过虚拟调频器实现，调频器根据实际电角频率 ω 与额定虚拟电角频率 ω_n 的差值，对虚拟转矩做出相应调整，调频器可表示为：

$$\Delta T = D_p(\omega - \omega_n) \tag{2-8}$$

式中　ΔT——转矩增量；

D_p——频率下垂系数，定义为转矩增量与频率差的比值。

将虚拟电角频率 ω 与额定虚拟电角频率 ω_n 的差值送入阻尼环节，此时阻尼系数 K_p 实际上相当于下垂系数 D_p，虚拟同步发电机有功功率控制方程可以改写成：

$$J\frac{d\omega}{dt} = \frac{P^*}{\omega_n} - \frac{P_0}{\omega_n} + D_p(\omega_n - \omega) \tag{2-9}$$

离网及并网工作模式下虚拟同步发电机有功功率控制如图 2-3 所示。

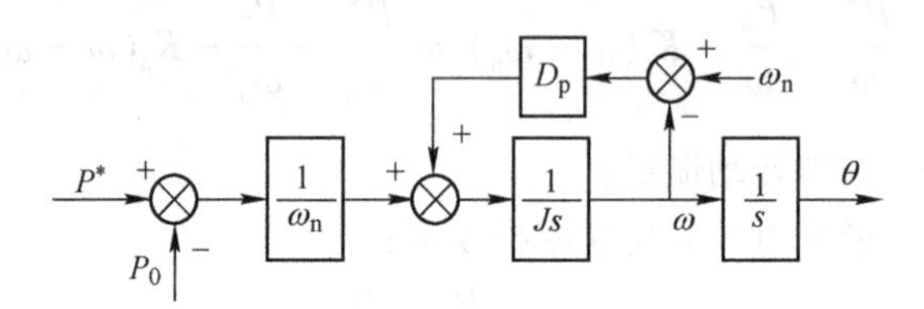

图 2-3　虚拟同步发电机有功功率控制框图

同步发电机通过调节励磁电流实现端电压及无功功率输出调整，并实现并联同步发电机无功功率的合理分配。同理，可以通过调整虚拟同步发电机的虚拟电势 U 来实现端电压及无功功率调整。并网模式下虚拟同步发电机无功功率控制方程可表示为：

$$U = U_n + \frac{1}{Ks}(Q^* - Q_0) \tag{2-10}$$

式中　U_n——空载电动势；

Q^*——无功功率指令值；

Q_0——输出无功功率；

$\frac{1}{K}$——积分器增益。

根据电压参考值与实际电压幅值间的差值，对无功功率指令值进行调整，增加调压器后，并网模式下虚拟同步发电机无功功率方程可表示为：

$$U = U_n + \frac{1}{Ks}[Q^* + D_q(U_{cn} - U_c) - Q_0] \tag{2-11}$$

式中 D_q——无功电压下垂系数；

U_{cn}——机端电压额定值；

U_c——机端电压实际输出值。

虚拟同步发电机无功功率控制回路如图 2-4 所示。

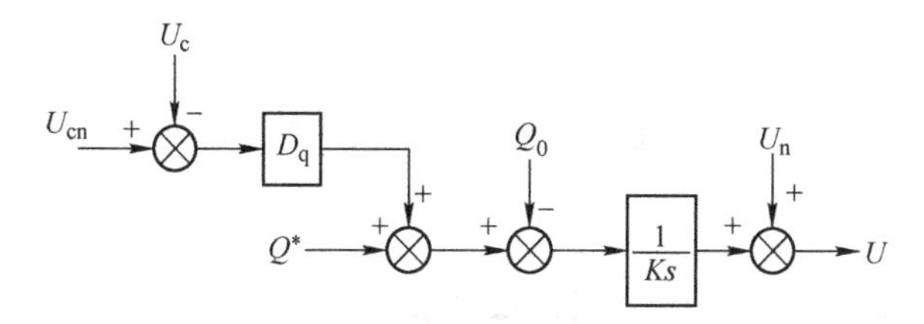

图 2-4 并网模式下虚拟同步发电机无功功率控制框图

离网模式下虚拟同步发电机输出功率由负载决定，虚拟同步发电机为负载提供满足要求的电压幅值与频率，此时无功功率控制环如图 2-5 所示。

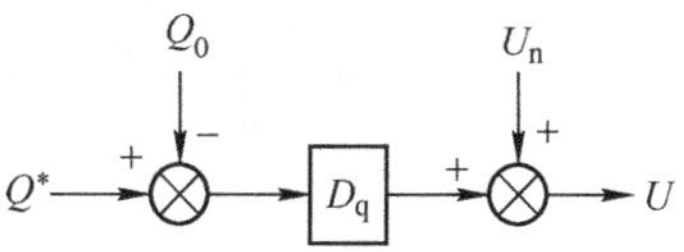

图 2-5 离网模式下虚拟同步发电机无功功率控制框图

$$U = U_n + D_q(Q^* - Q_0) \tag{2-12}$$

利用有功功率环生成的相角 θ、无功功率环生成的电压幅值 U，合成得到三相电压参考值。并网模式下虚拟同步发电机功率控制环如图 2-6 所示，离网模式下虚拟同步发电机功率控制环如图 2-7 所示。

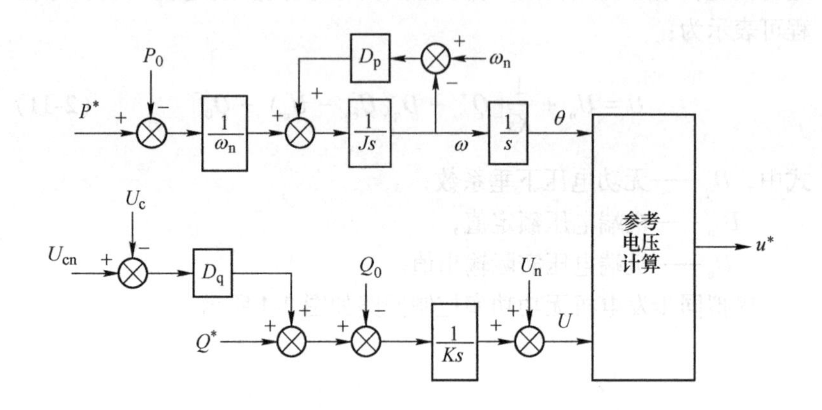

图 2-6　并网模式下虚拟同步发电机功率控制框图

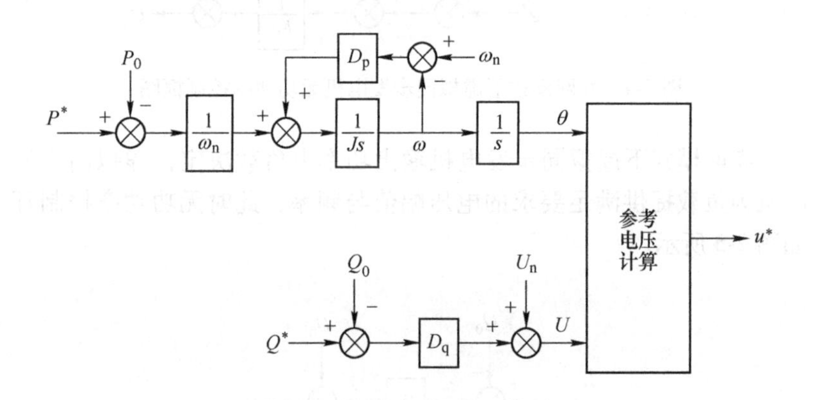

图 2-7　离网模式下虚拟同步发电机功率控制框图

2.2.3　虚拟同步发电机整体控制策略

虚拟同步发电机功率环输出电压为变流器桥臂中点电压参考值，

为增强系统适应性，并将并网、离网工作模式下虚拟同步控制策略模式统一设计为等效电压源，在功率控制环之后增加电压电流控制环，用虚拟同步发电机功率环输出电压参考值计算得到机端电压参考值，对机端电压进行闭环控制生成电流参考值，再通过变流器侧输出电流控制环生成调制电压。

以同步发电机定子电气方程为原型，忽略滤波电容 C 的作用，建立桥臂中点电压、机端电压与变流器侧电感电流关系，如式（2-13）所示：

$$u_{cabc} = u_{abc} - R_1 i_{1abc} - L_1 \frac{\mathrm{d}i_{1abc}}{\mathrm{d}t} \tag{2-13}$$

式中 L_1——滤波电感；

R_1——滤波电感内阻与功率器件内阻之和，下标“abc”表示 abc 坐标系下的分量。

将式（2-13）采用机端电压矢量定向进行 dq 分解，dq 坐标系下电压与电流关系的如式（2-14）、式（2-15）所示[20]。

$$\begin{bmatrix} u_{cd} \\ u_{cq} \end{bmatrix} = \begin{bmatrix} u_d \\ u_q \end{bmatrix} - Y^{-1} \begin{bmatrix} i_{1d} \\ i_{1q} \end{bmatrix} \tag{2-14}$$

$$\begin{cases} \boldsymbol{Y} = \dfrac{1}{R_1^2 + X_1^2} \begin{bmatrix} R_1 & X_1 \\ -X_1 & R_1 \end{bmatrix} \\ \begin{bmatrix} u_d \\ u_q \end{bmatrix} = \begin{bmatrix} E\cos\varphi \\ E\sin\varphi \end{bmatrix} \end{cases} \tag{2-15}$$

式中 i_{1d}，i_{1q}——dq 坐标系下的变流器侧输出电流；

u_d，u_q——桥臂电压采用机端电压矢量定向进行 dq 分解得到的 dq 轴分量；

u_{cd}，u_{cq}——机端电压的 dq 轴分量；

$\boldsymbol{Y}$——阻抗矩阵；

X_1——感抗，$X_1 = \omega L_1$。

相角 φ 表示桥臂中点电压矢量与机端电压矢量的相角差，其等于虚拟同步控制虚拟转子角速度 ω 与机端电压电角速度 ω_c 差值的积分：

$$\varphi = \int_0^t (\omega - \omega_c)\mathrm{d}t \tag{2-16}$$

根据式（2-14），可以通过桥臂电压参考值得到机端电压参考值，送入电压电流控制环，整个电压电流控制环结构如图 2-8 所示。整个控制环在同步旋转坐标系中完成，电压环采用 PI 控制，电流环采用 P 控制器，并增加去耦补偿用于消除 dq 轴电压及电流的交叉耦合，提升系统动态性能。

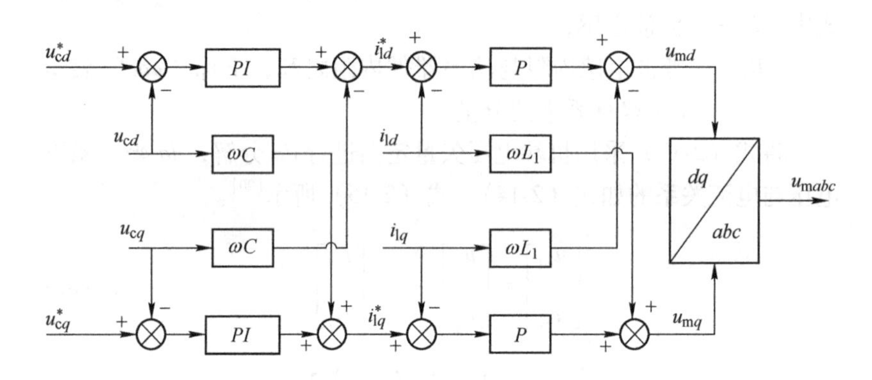

图 2-8　电压电流控制环框图

u_{cd}^*，u_{cq}^*—dq 轴机端电压指令值；u_{cd}，u_{cq}—机端电压 dq 轴分量；i_{1d}，i_{1q}—变流器侧电感电流 dq 轴分量；ω—虚拟同步发电机虚拟电角频率

虚拟同步控制策略整体控制框图如图 2-9 所示，忽略分布式能源动态特征，同时假设储能系统能够提供足够的惯性功率，直流部分用直流电源替代。整个控制策略由功率控制环及电压电流控制环两部分组成，经功率环及参考电压计算环节生成机端电压参考后，再通过 dq 坐标系下的电压电流控制环得到相应的调制波，控制变流器电力电子器件通断，从而控制虚拟同步发电机输出满足要求的电压、电流。图 2-9 中，变流器通过断路器接入电网。

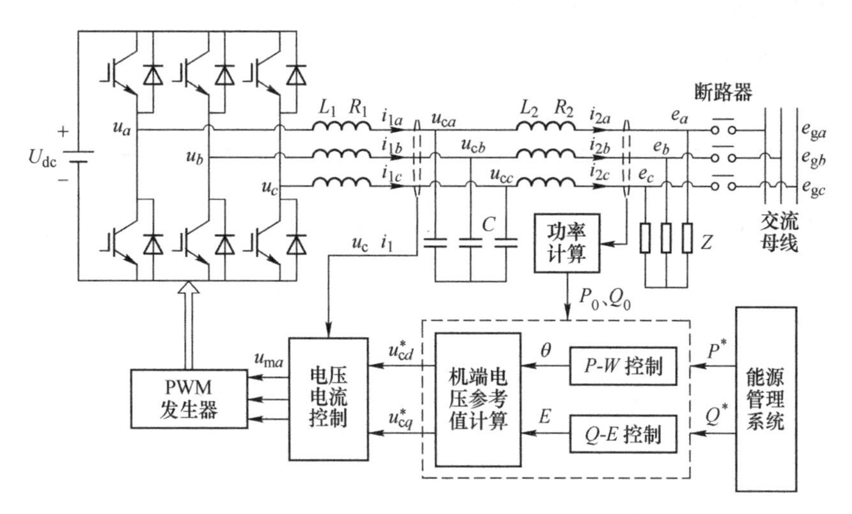

图 2-9 虚拟同步控制策略整体控制框图

U_{dc}—直流侧电压；R_1、L_1、C—滤波电感内阻与功率器件内阻之和、滤波电感及滤波电容；R_2，L_2—线路阻感；Z—负载；i_{1a}、i_{1b}、i_{1c}—变流器侧电感电流；i_{2a}、i_{2b}、i_{2c}—网侧输出电流；u_a、u_b、u_c—变流器桥臂中点电压；u_{ca}、u_{cb}、u_{cc}—机端电压；e_{ga}、e_{gb}、e_{gc}—三相电网电压

2.3 功率控制环参数设计

由于分布式能源出力的波动性、电力系统负荷变化的随机性以及电网的各种设备的相互影响，虚拟同步发电机在运行过程中存在大量的小干扰事件；并且分布式能源经过电力电子变流器接入电网，电力电子变流器在提高系统运行控制灵活性的同时，存在系统惯量小、动态特性差异大和极易发生暂态振荡等问题。因此，虚拟同步发电机的小信号建模与稳定性分析十分重要[107]。

2.3.1 虚拟同步发电机小信号模型

虚拟同步发电机有并网及离网两种工作模式，图 2-10 所示为其等效电路，对其分别建立小信号模型。图 2-10 中，以母线电压为基准，母线电压为 $E\angle 0$，虚拟同步发电机虚拟电压为 $U\angle\delta$；R+jX 为传输阻抗，传输阻抗等于等效输出阻抗与输电线路阻抗之和；Z_L 为负荷阻抗。

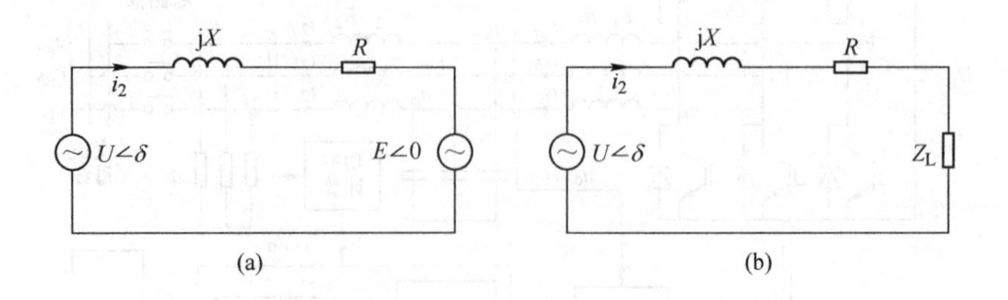

图 2-10　虚拟同步发电机两种工作模式等效电路

（a）并网模式；（b）离网模式

并网模式下，逆变电源输出视在功率为：

$$
\begin{aligned}
S &= U\dot{I}_2^* = P + \mathrm{j}Q \\
&= \frac{RUE\cos\delta - RE^2 + XUE\sin\delta}{R^2 + X^2} + \mathrm{j}\frac{-XUE\cos\delta + XE^2 + RUE\sin\delta}{R^2 + X^2}
\end{aligned}
\tag{2-17}
$$

并网模式下，有功功率及无功功率传输的小信号模型为[108]：

$$
\begin{cases}
\Delta P = \dfrac{\partial P}{\partial \delta}\Delta\delta + \dfrac{\partial P}{\partial U}\Delta U = \dfrac{XUE\cos\delta - RUE\sin\delta}{R^2 + X^2}\Delta\delta + \dfrac{RE\cos\delta + XE\sin\delta}{R^2 + X^2}\Delta U \\
\Delta Q = \dfrac{\partial Q}{\partial \delta}\Delta\delta + \dfrac{\partial Q}{\partial U}\Delta U = \dfrac{XUE\sin\delta + RUE\cos\delta}{R^2 + X^2}\Delta\delta + \dfrac{RE\sin\delta - XE\cos\delta}{R^2 + X^2}\Delta U
\end{cases}
\tag{2-18}
$$

联立式（2-10）和式（2-17），可得并网时虚拟同步控制策略功率环小信号模型为：

$$
\begin{cases}
s(Js + D_{\mathrm{p}})\Delta\delta = -\Delta P \\
s(Ks + D_{\mathrm{q}})\Delta U = -\Delta Q
\end{cases}
\tag{2-19}
$$

令 $\boldsymbol{X}_1=(\Delta\delta', \Delta U', \Delta\delta, \Delta U)^{\mathrm{T}}$，根据式（2-18）及式（2-19）可以得到并网模式下虚拟同步发电机小信号模型为：

$$\boldsymbol{X}_1' = \begin{bmatrix} -\dfrac{D_{\mathrm{p}}}{J} & 0 & -\dfrac{\partial P/\partial\delta}{J} & -\dfrac{\partial P/\partial U}{J} \\ -\dfrac{D_{\mathrm{q}}}{K} & 0 & -\dfrac{\partial Q/\partial\delta}{K} & -\dfrac{\partial Q/\partial U}{K} \\ 1 & 0 & 0 & 0 \\ 0 & 1 & 0 & 0 \end{bmatrix} \boldsymbol{X}_1 \tag{2-20}$$

在离网模式时，负荷呈阻感性，此时假设线路阻抗与负荷总的等效阻抗为 $R'+\mathrm{j}X'$，离网模式下输出视在功率为：

$$S=\frac{U^2}{Z}=\frac{R'U^2(\cos\delta^2-\sin\delta^2)+2X'U^2\sin\delta\cos\delta}{R'^2+X'^2}+\mathrm{j}\frac{2RU^2\sin\delta\cos\delta-XU^2(\cos\delta^2-\sin\delta^2)}{R'^2+X'^2} \tag{2-21}$$

离网模式下，输出有功功率及无功功率小信号模型为：

$$\begin{cases} \Delta P=\dfrac{\partial P}{\partial\delta}\Delta\delta+\dfrac{\partial P}{\partial U}\Delta U \\ \quad =\dfrac{-2U^2\sin\delta\cos\delta(2R'+X')}{R'^2+X'^2}\Delta\delta+\dfrac{2R'U(\cos\delta^2-\sin\delta^2)+4X'U\sin\delta\cos\delta}{R'^2+X'^2}\Delta U \\ \Delta Q=\dfrac{\partial Q}{\partial\delta}\Delta\delta+\dfrac{\partial Q}{\partial U}\Delta U \\ \quad =\dfrac{2U^2\sin\delta\cos\delta(2X'-R')}{R'^2+X'^2}\Delta\delta+\dfrac{4R'U\sin\delta\cos\delta-2X'U(\cos\delta^2-\sin\delta^2)}{R'^2+X'^2}\Delta U \end{cases} \tag{2-22}$$

由于离网模式的有功-频率控制环与并网模式相同，但是无功-电压控制环与并网时不同，结合式（2-12），可得离网时虚拟同步发电机小信号模型，其中 $\boldsymbol{X}_2=(\Delta\delta',\ \Delta\delta,\ \Delta U)^{\mathrm{T}}$。

$$\boldsymbol{X}_2'=\begin{bmatrix} -\dfrac{D_{\mathrm{p}}}{J} & -\dfrac{\partial P/\partial\delta}{J} & -\dfrac{\partial P/\partial U}{J} \\ 1 & 0 & 0 \\ -\dfrac{D_{\mathrm{q}}\partial Q/\partial\delta}{1+\partial Q/\partial U} & 0 & 0 \end{bmatrix}X_2 \tag{2-23}$$

2.3.2 功率控制环参数整定

有功功率环需要设计的参数为转动惯量 J 及下垂系数 D_{p}，无功功率环需要设计的参数为 K 及下垂系数 D_{q}。系统参数的设计需要根据小信号模型，综合考虑系统稳定性、动态性能以及相关并网标准要求进行优化设计。由于下垂系数 D_{p} 及 D_{q} 受到相关电网标准约束，因此通常先完成下垂系数的设定，再通过设计 J、K 来满足功率环稳定性和动态性能。国标《光伏发电系统接入配电网技术规定》(GB/T 29319—2012）定义了接入用户侧配电系统的技术标准，当光伏发电系统并网点频率在 49.5~50.2Hz 范围之内时，并网点电压在90%~110%标称电压之间时，光伏发电系统应能正常运行。针对虚拟同步发电机的相关技术要求和验证方法还未发布，但从文献［68］对国家电网相关工作介绍中，可知在一次调频过程中，虚拟同步发电机增加和减少的有功功率最大值至少为 10%额定有功功率，在一次调压过程中，可调节无功功率应不少于 30%额定无功功率。根据以上要求，D_{p} 及 D_{q} 设计原则可定义为，电网电压频率变化 0.5Hz，输出有功功率变化 100%，电网电压幅值变化 10%，输出无功功率变化 100%[89]。以一台 15kW 虚拟同步发电机为例，则有：

$$\begin{cases} D_{\mathrm{p}}=\dfrac{\Delta P_{\max}}{\omega_{\mathrm{n}}\Delta\omega_{\max}}=\dfrac{15000}{100\pi\times0.5\times2\pi}\approx15 \\ D_{\mathrm{q}}=\dfrac{\Delta Q_{\max}}{\Delta U}=\dfrac{15000}{220\sqrt{2}\times10\%}\approx482 \end{cases} \tag{2-24}$$

图 2-11 所示为参数 J、D_p 及 D_q 变化时并网模式的特征根轨迹，图 2-11（a）为 J 分别为 0.2、0.5、1.0、2 时，对于 D_p 从 0.0 变换到 100 的根轨迹族。从图中可知，系统共有 4 个特征根，其中 S_3、S_4 为随参数变化极小的实根，对系统稳定性影响很小。S_1、S_2 为一对共轭复数根，其变化方向如图箭头所指方向，沿箭头方向 D_p 逐渐增加。当 D_p 较小时，S_1、S_2 位于复平面右侧，系统不稳定；随着 D_p 逐渐增大，S_1、S_2 向复平面左侧移动，系统具有较好稳定性及动态性能；当 D_p 继续增大，S_1、S_2 沿箭头方向移动到实轴，并沿着相反方向运动，此时系统稳定裕度减小，动态性能也变差。当 J 较

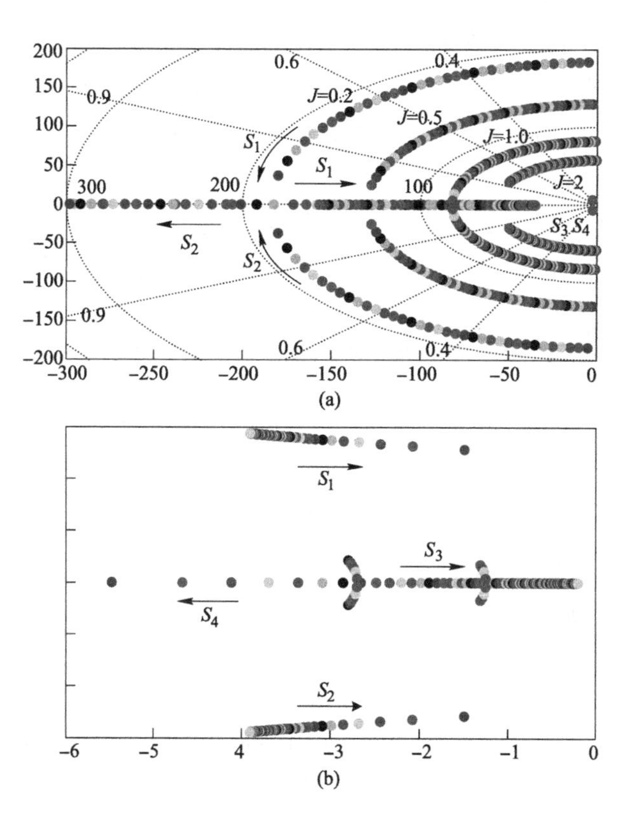

图 2-11　并网工作模式下参数变化时根轨迹

（a）J、D_p 变化时；（b）D_q 变化时

小时，S_1、S_2 位于复平面左侧，系统稳定，但是由于 J 过小，系统惯性很小，不能为系统提供足够的惯性支撑。随着 J 增大，特征根 S_1、S_2 靠近到实轴，系统稳定裕度减小[108,109]。

图 2-11（b）为 D_q 从 10 变换到 1000 时的特征根轨迹，特征根 S_3、S_4 沿着实轴变化，对系统稳定性影响不大，S_1、S_2 向复平面右侧移动，系统稳定性恶化，因此在并网模式下 D_q 值不能取太大[108]。

图 2-12 所示为参数 J、D_p 及 D_q 变化时离网模式的系统的特征根轨迹，图 2-12（a）为 D_p 分别为 2、15、30、100 时，J 从 0.01 变换

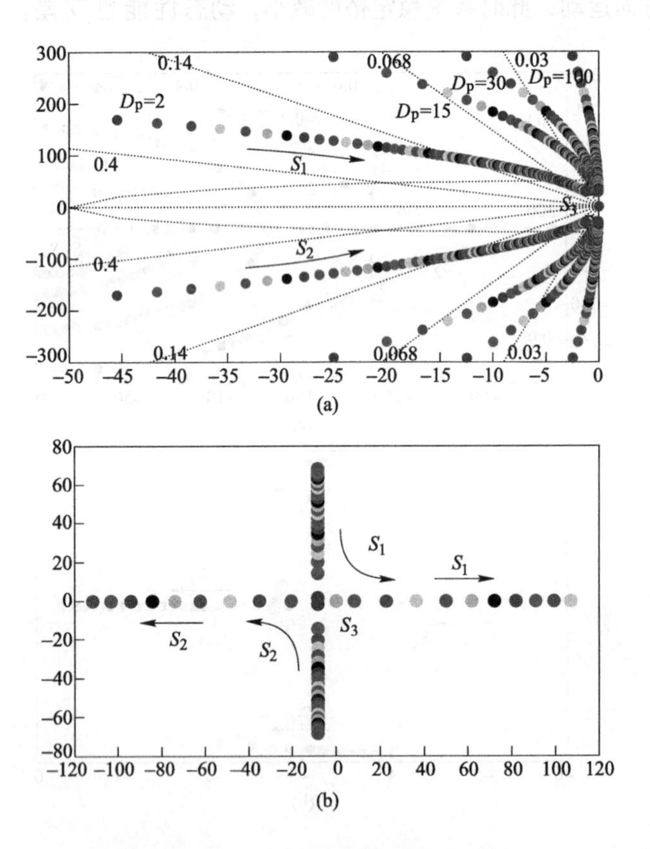

图 2-12 离网工作模式下参数变化时根轨迹

（a）J、D_p 变化时；（b）D_q 变化时

到 10 的根轨迹族，由图中可知，随着 J 的增大，S_1、S_2 向复平面右侧移动，系统稳定性恶化；随着 D_p 增大，S_1、S_2 更加靠近虚轴，系统稳定性降低。图 2-12（b）为 D_q 从 10 变化为 500 时的特征根轨迹，随着 D_q 增大，S_1、S_2 移动到复平面右侧，系统不稳定。因此 D_q 取值不能太大[108]。

为保证系统稳定性和动态特性，给出稳定性和动态特性取值的约束条件。为满足系统稳定性，要求极点必须位于系统左侧，并且需要满足一定稳定裕度，要求主导极点 S_i 满足 $Re(S_i)<-10$，同时由为满足系统动态特性，要求主导极点 S_i 满足 $1<\left|\frac{Im(S_i)}{Re(S_i)}\right|<1.5$，综合考虑即可完成对功率环参数的整定[109]。

2.4 仿真及实验

为验证上述控制策略的有效性，使用 Matlab/Simulink 环境搭建一台 15kV·A 的虚拟同步发电机模型，对虚拟同步控制策略的有效性及相关参数设计合理性进行仿真验证，系统主要参数见表 2-1。

表 2-1 系统仿真参数

参数	取值	参数	取值
直流电压 U_{dc}/V	600	电压环比例系数 k_{up}	0.3
母线电压有效值 U/V	380	电压环积分系数 k_{ui}	600
滤波器电感 L_1/mH	5	电流环比例系数 k_{ip}	2
滤波器等效电阻 R_1/Ω	0.1	等效增益 k_{pwm}	250
滤波电容 C/μF	10	无功环积分系数 K	7
有功环惯性 J、阻尼 D_p	0.05、15	无功环下垂系数 D_q	480

图 2-13 所示为有功功率响应随惯性系数 J 及阻尼系数 D_p 变化的波形，在时域范围内说明了 J、D_p 对系统动态性能的影响。从图 2-13 可知，随着 J 的增加，系统动态响应超调量增加，并逐渐开始

振荡。阻尼系数 D_p 较小时，系统动态响应较快，但是超调量大；随着 D_p 的增大，系统动态响应变慢，超调量减小。由以上可知，通过控制策略引入惯性及阻尼特性后，虚拟同步发电机与同步发电机具有类似外特性。

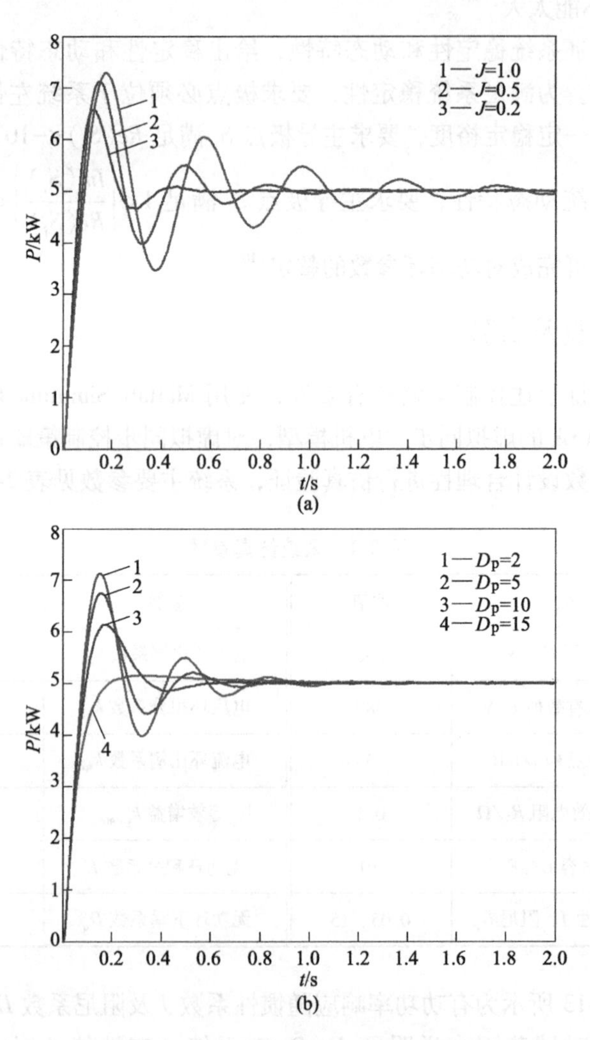

图 2-13　不同惯性和阻尼时系统动态响应

(a) $D_p=5$；(b) $J=0.5$

为验证改进虚拟同步控制策略的有效性，搭建了6kV·A虚拟同步发电机物理实验平台，直流侧采用稳压直流源，交流侧采用艾诺ANGS030T可编程交流电源模拟电网，实验主要参数见表2-2。

表2-2 实验主要参数

参数	取值
直流电压 U_{dc}/V	600
交流电压有效值 U/V	380
滤波器电感的 L_1/mH、R_1/Ω	4.8、0.1
滤波电容 C/μF	10
开关频率 f/kHz	10
无功环下垂系数 D_q	190
有功环惯性 J、阻尼 D_p	0.02、6
无功环比例系数 K_P、积分系数 K_I	0.07、5
电压环比例系数 k_{up}、积分系数 k_{ui}	0.3、600
电流环比例系数 k_{ip}	2

实验过程模拟电网电压频率及幅值变化时虚拟同步发电机输出功率变化的情况。在电网电压频率变化时，虚拟同步发电机输出有功功率设定值为2.5kW，无功功率设置为1kvar；电网电压幅值变化时，有功功率指令值设定为1kW，无功功率指令值设定为2.5kvar。其中图2-14（a）和（b）所示分别给出了电网电压的频率从50Hz变化到49.9Hz时和从50Hz变化到50.1Hz时虚拟同步发电机输出功率变化的实验波形。图2-14（c）和（d）所示分别给出了电网电压的有效值从220V下降2%时和从220V上升2%时虚拟同步发电机输出功率变化的实验波形。由图可知，虚拟同步发电机可根据电网电压的频率和幅值的变化自动地改变其输出的有功功率和无功功率，且功率变化量与设计值相同。

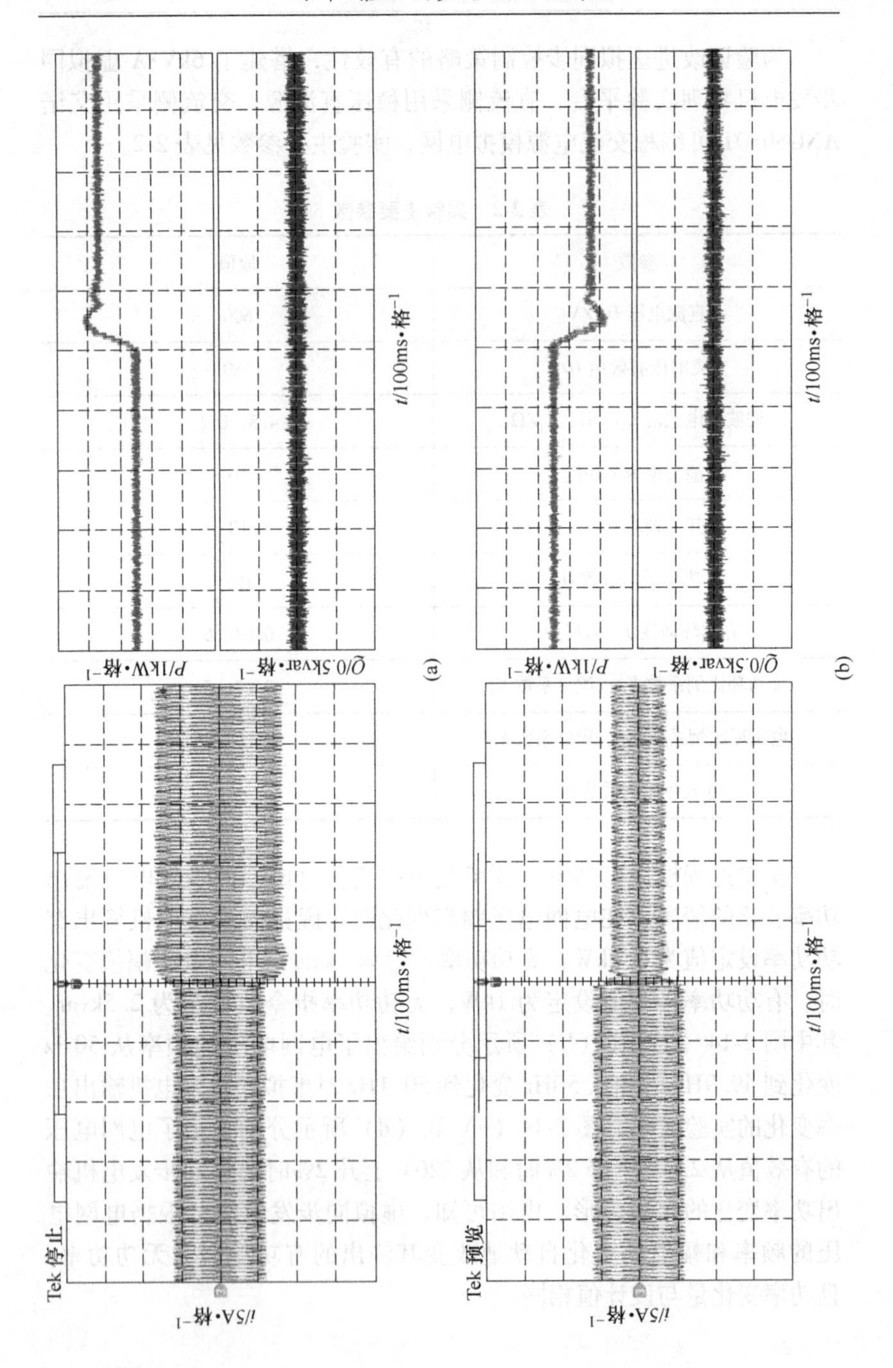
Tek 停止
i/5A·格$^{-1}$
t/100ms·格$^{-1}$
P/1kW·格$^{-1}$
Q/0.5kvar·格$^{-1}$
(a)
Tek 预览
i/5A·格$^{-1}$
t/100ms·格$^{-1}$
P/1kW·格$^{-1}$
Q/0.5kvar·格$^{-1}$
(b)

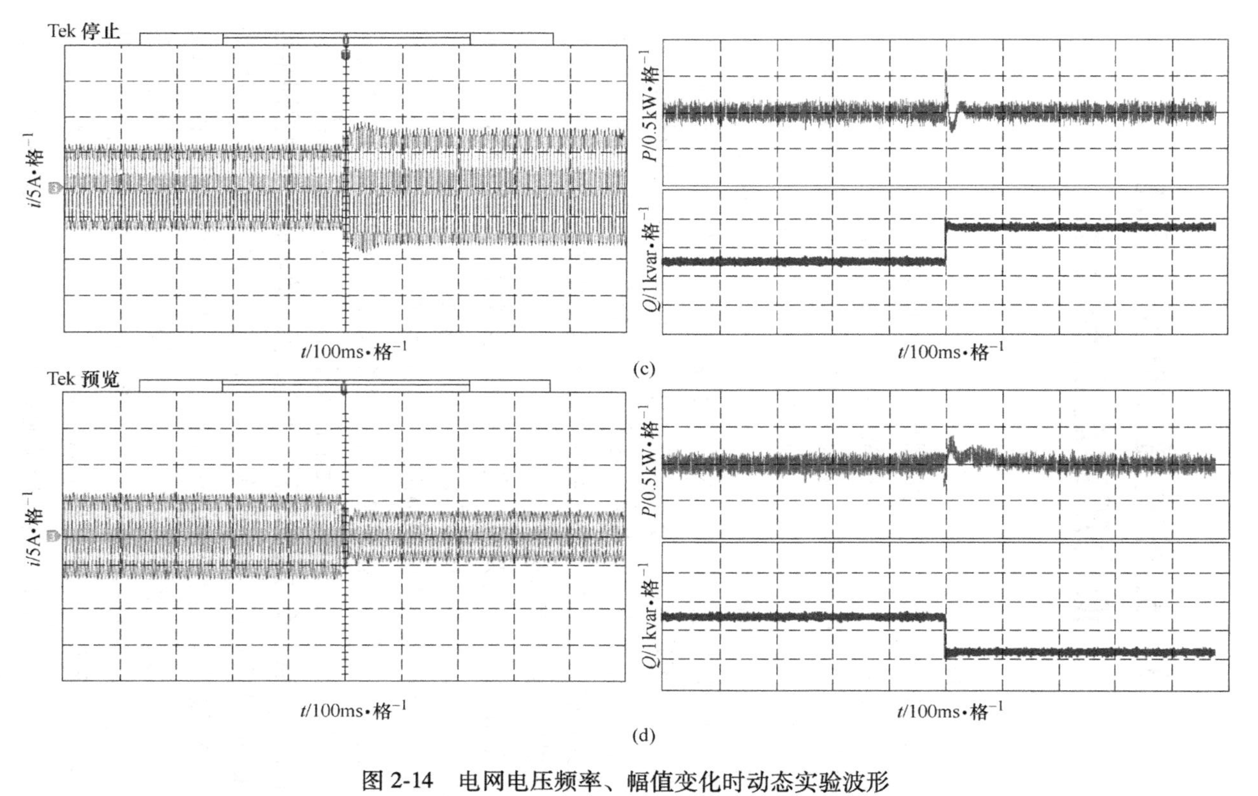

图 2-14 电网电压频率、幅值变化时动态实验波形

(a) 电网电压频率下降 0.1Hz；(b) 电网电压频率上升 0.1Hz；(c) 电网电压幅值下降 2%；(d) 电网电压幅值上升 2%

3 分布式虚拟同步发电机低电压穿越控制技术

分布式虚拟同步发电机接入中低压配电网，而配电网的故障率远远高于输变电系统，在配电网可能发生的故障中，对系统威胁最大，而且发生概率最高的是短路故障，当配电网发生短路故障时，传统分布式发电单元通常采取脱网的方式来避免由电网造成的电流冲击，此方法虽然可以保护分布式发电单元，但大规模分布式发电单元的脱网将加剧电网故障，甚至触发一系列连锁反应，造成电网瘫痪。在电网发生短路故障时，为了保护电网安全，并且提高分布式发电的利用效率，对分布式发电单元的响应提出了相应规定，要求当电网发生短路故障电网电压跌落时，分布式发电单元应具有低电压穿越能力，要求分布式发电单元在保持并网运行的同时还能为电网提供一定的功率支撑。

在第2章介绍的并网模式下传统的虚拟同步控制策略，由虚拟同步功率环及参考电压计算环节得到机端电压指令值，再通过电压电流控制环得到相应的调制电压，实现并网功率的无差控制。传统虚拟同步控制策略，在配电网发生对称故障，且电压跌落较深时极易出现瞬时过电流，同时在配电网发生不对称故障时，传统虚拟同步控制策略稳态输出电流三相不平衡，由于故障时传统虚拟同步控制策略仍然按照原有功率指令值输出，使得在原有功率指令值较高时，稳态输出电流也可能出现过流；而且传统的虚拟同步控制策略无功功率环为积分控制器，其响应速度慢，无法满足低电压穿越时对无功电流注入的时间要求。故本章对虚拟同步发电机低电压穿越控制方法进行研究，提出基于同步旋转坐标的改进虚拟同步发电机低电压穿越控制技术，通过虚拟阻抗实现对瞬时电流的抑制，并在同步旋转坐标下对输出电流进行分序控制，实现电网不对称故障时输出电流三相平衡，在无功功率环中引入PI控制器，提高无功功率响应速度，使得改进后的虚拟同步发电机能够在规定时间内注入无功电流，并给出满足低电压穿越技术指标的有功功率及无功功率指令值计算方法。改进后的虚拟同步控制策略在电网短路故障时无需进行控制方式的切换，避免了控制方式切换过程中产生的冲击，实现了低电压穿越。

3.1 分布式发电低电压穿越技术要求

低电压穿越能力是指电网发生短路故障或受到扰动，分布式发电单元并网点的电压跌落时，分布式发电单元能在一定的电压范围和时间间隔内持续并网运行，同时能够在规定时间内注入一定无功电流，为电网提供一定支撑，并在故障清除后，能够迅速恢复到原有工作状态的能力。

IEEE 1547《Standard for Interconnecting Distributed Resources with Electric Power Systems》和我国Q/GDW 480—2010《分布式电源接入电网技术规定》中并未提及分布式发电单元需具备低电压穿越能力。然而，如果分布式发电单元不具备低电压穿越能力，在电网发生故障或扰动导致电压跌落时，分布式逆变电源将大规模脱网，有可能会发生连锁反应，导致电网崩溃，对电网安全稳定运行构成极大威胁。从提高分布式发电单元利用率、分布式能源渗透率以及提高电网稳定性的角度出发，分布式发电单元的低电压穿越技术具有重要研究意义[110~112]。

风力发电与光伏发电的低电压穿越技术要求类似，在电网电压跌落时，不仅要求分布式发电单元能并网运行一段时间，而且在故障期间能够注入一定无功电流，对电网起到一定的无功支撑作用，在故障清除后，能够迅速恢复到正常工作状态。本章研究的虚拟同步发电机低电压穿越控制技术是针对网侧逆变器而言，对于当前风电广泛使用的双馈风电机组，其低电压穿越时需要定子侧及网侧变流器协同控制，此处不做研究[113]。

中国和德国都是光伏并网发电大国，在光伏并网标准制定方面也走在世界前列，在各种光伏发电系统并网标准中，只有德国和中国对光伏并网系统低电压穿越能力有明确的规定。2012 年，德国的新能源法案 EEG 要求接入中压电网的光伏发电系统必须满足 BDEW《Generating Plants Connected to the Medium Voltage Network》标准，中国则在 2012 年制订了 GB/T 19964—2012《光伏发电站接入电力系统技术规定》。两种标准对低电压穿越的一般要求：当电网故障时，分布式逆变电源不能从电网断开，电网故障时，需要向电网注入一定无功电流以支撑电网电压，故障消除后，有功功率能够迅速恢复。以下对德国 BDEW 及中国 GB/T 19964—2012 中低电压穿越相关规定进行介绍。

德国的 BDEW 及中国 GB/T 19964—2012 都要求光伏发电系统在并网点电压跌落至零时，能够并网连续运行 0.15s，但对于各电压跌落点可连续运行时间的要求不同，具体要求如图 3-1 所示。图 3-1 中，横轴为时间轴，纵轴为并网点电压标幺值。并网点电压跌落至曲线以下时，光伏发电系统可以从电网切出。

由于并网点电压降低，系统中无功功率随之减少，两项标准均要求光伏发电系统在规定时间内注入一定大小的无功电流。德国 BDEW 规定无功电流大小由调节因子 k 及电网低落程度决定，具体计算公式如式（3-1）所示：

$$k = \frac{\Delta I_B / I_n}{\Delta U / U_n} \tag{3-1}$$

式中　I_n——额定电流；

U_n——并网点电压额定值；

ΔI_B——故障前后光伏发电系统输出的无功电流变化值；

ΔU——故障前后并网点电压变化值。

德国 BDEW 要求调节因子 k 至少为 2，无功电流建立时间小于 20ms。在并网点电压变化范围在 $\pm 10\% U_n$ 之内时，无需注入无功电流。

GB/T 19964—2012 中要求通过 220kV（或 330kV）光伏发电汇集系统升压至 500kV（或者 750kV）电压等级接入电网的光伏发电系统，当电网电压跌落时，光伏发电系统注入电网的无功电流应满

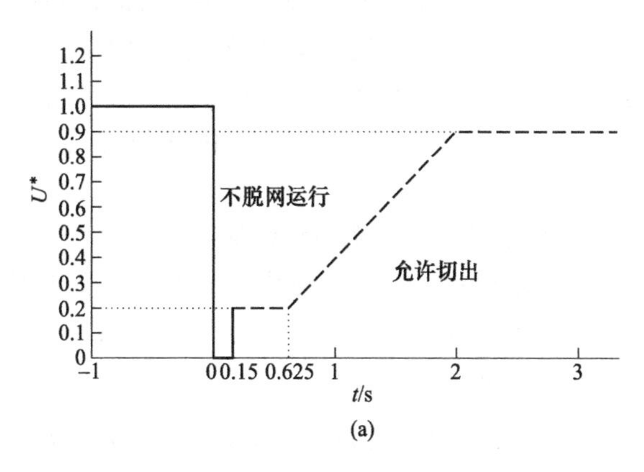

(a)

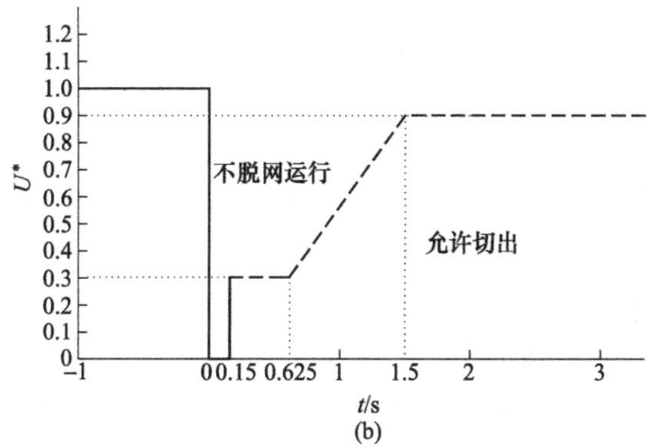

(b)

图 3-1 光伏发电系统低压穿越能力要求

（a）德国 BDEW；（b）中国 GB/T 19964—2012

足下列条件：自并网点电压跌落时刻起，无功电流响应时间不大于30ms，注入无功电流大小应满足式（3-2）：

$$\begin{cases} I_T \geqslant 1.5 \times (0.9 - U_T) I_N & (0.2 \leqslant U_T \leqslant 0.9) \\ I_T \geqslant 1.5 \times I_N & (U_T < 0.2) \\ I_T = 0 & (U_T > 0.9) \end{cases} \tag{3-2}$$

式中 U_T——并网点电压标幺值；

I_N——光伏发电系统额定电流。

故障清除后，对于有功功率恢复速度两种标准也有相关要求。德国 BDEW 要求至少以 20%额定功率/秒的功率恢复速度，恢复至故障前有功功率的 90%。GB/T 19964—2012 中要求自故障清除时刻起，以至少 30% 额定功率/秒的功率变化速度恢复至正常运行状态[111,112]。

分布式发电单元接入电压为 35kV 及以下，GB/T 19964—2012 标准是针对光伏电站设定，显然不适用于分布式逆变电源低电压穿越，因此可以参照德国 BDEW 标准，对分布式虚拟同步发电机低电压穿越控制技术进行设计。

3.2 分布式虚拟同步发电机低电压穿越控制技术

低电压穿越技术要求可以归纳为以下几点：限制瞬时电流大小，保证光伏发电系统在电网电压跌落时保持一定时间不脱网；在电网不对称故障时，保证输出电流平衡，确保稳态电流不过流；电网电压在跌落期间，在规定时间内注入指定大小的无功电流；电网故障清除后，有功功率恢复速度满足技术要求。

传统的并网虚拟同步控制策略中，经虚拟同步控制策略功率环及电压计算环节得到机端的电压参考值，经过电压电流环得到调制电压，控制电力电子开关器件通断，使得分布式逆变电源输出满足要求电压、电流。在配电网电压跌落时，传统的虚拟同步控制策略仍然按照原有的功率指令输出，由于功率环响应速度慢，因此稳态输出电流按照功率指令缓慢变化，无法满足无功电流注入要求及功率恢复要求。在配电网发生严重对称短路故障时，由于电网电压瞬时跌落，导致瞬时输出电流过流，因此需要对瞬时电流进行限制。在配电网发生不对称短路故障时，由于电网电压存在不平衡分量，导致输出电流不平衡，传统的虚拟同步控制策略仍然按照原有的功率指令输出，在功率指令较大时，将导致稳态输出电流过流。显然，传统虚拟同步控制策略无法实现低电压穿越，需要加以改进。

3.2.1 电网短路故障时虚拟同步发电机运行特性分析

当电网发生三相短路故障时，虚拟同步发电机模型如图 3-2 所示。

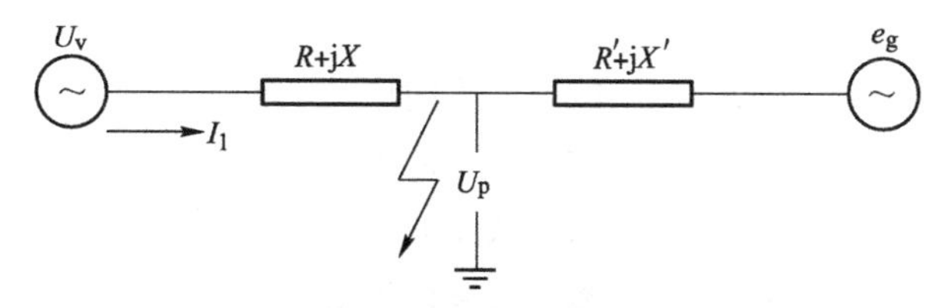

图 3-2 电网短路故障时虚拟同步发电机模型

U_v—虚拟同步发电机虚拟内电势；I_1—虚拟同步发电机输出电流；

R+jX—虚拟同步发电机到故障点的等效阻抗；U_p—故障点电压；

R'+jX'—故障点与电网间的输电线路等效阻抗；e_g—电网电压

并网点故障电压与故障特征、设备特征及故障程度有关，故障点电压可表示为：

$$\Delta U_p = U_p(0_-) - U_p(0_+) \tag{3-3}$$

式中 $U_p(0_-)$、$U_p(0_+)$——故障前、故障后的故障点电压；

ΔU_p——故障点电压变化矢量[114]。

传统的虚拟同步发电机无功功率控制环节为积分环节，响应速度慢，其虚拟内电势 U_v 按机电时间常数变化。当电网发生短路故障时，可认为故障前后的短时间内内电势 U_v 不变。此时输出电流满足式（3-4）：

$$RI + L\frac{dI}{dt} = U_v - U_p \tag{3-4}$$

将式（3-3）代入式（3-4）可以得到虚拟同步发电机在电网短路故障时的输出电流：

$$\begin{cases} I(t) = I(\infty) + [I(0_+) - I(\infty)|_{p_+}]e^{-tR/L} \\ I(\infty) = \dfrac{U_v - U_p(0_+)}{R + jX} \\ I(\infty)|_{0_+} = \dfrac{U_v - U_p(0_-)}{R + jX} \end{cases} \tag{3-5}$$

式中 $I(t)$——输出电流；

$I(0_+)$——故障发生时电流初始值；

$I(\infty)$——故障发生后 $t\to\infty$ 的稳态电流值；

$I(\infty)|_{0_+}$——故障发生时 $I(\infty)$ 的值；

$I(\infty)-I(\infty)|_{0_+}\mathrm{e}^{-tR/L}$——瞬时故障电流 $\Delta I(t)$。

由于虚拟同步控制策略功率环响应速度慢，内电势 U_v 按照原有功率指令随机电时间常数变化，因此输出电流指令值有一个较长的过渡过程。由于电流环比例调节器的存在，瞬时故障电流的衰减特性可以忽略，瞬时故障电流 $\Delta I(t)$ 为：

$$\Delta I(t)=\frac{\Delta U_\mathrm{p}}{R+\mathrm{j}X} \tag{3-6}$$

瞬时故障电流大小与电网电压跌落程度、等效阻抗大小及电流环控制响应速度有关[114]。

从以上分析可知，适当加大等效阻抗和提高电流环响应速度可以减小瞬时故障电流。在等效阻抗较小的应用场景，可以通过增加虚拟阻抗来增大阻抗，起到限制瞬时故障电流的作用。由于虚拟同步控制策略功率环响应速度慢，导致输出电流的过渡过程较长，其无法实现在规定时间内注入指定大小的无功电流，需要对功率环加以改进。

当配电网出现不对称故障，如单相接地故障时，此时并网点电压三相不平衡，导致虚拟同步发电机输出电流三相不平衡，输出瞬时有功功率和无功功率中含有 2 倍电网频率的波动分量。瞬时功率的 2 倍电网频率波动会通过功率环反映到虚拟同步发电机内电势的幅值和相角中，使得调制波发生畸变，最终导致虚拟同步发电机内电势畸变，加剧输出电流的不平衡，同时由于传统虚拟同步发电机在电网故障时仍然按照原有功率指令输出，此时稳态输出电流可能出现单相或者两相过流。由此分析可知，在配电网发生不对称故障时，需要对虚拟同步控制策略进行改进，实现稳态输出电流三相平衡且不过流[115,116]。

传统并网逆变器的低电压穿越控制技术的研究相对成熟，文献

[115~117] 以控制故障发生时输出电流大小为目标，研究不同控制策略下电流及功率参考值的设定方法。文献 [118] 给出了较为完整的低电压穿越控制方案，包括故障检测方法，有功及无功电流指令计算方法、控制逻辑等。传统并网逆变器控制方法与虚拟同步控制策略之间存在较大差异，原有的低电压穿越控制方法不能直接应用于虚拟同步发电机。文献 [102] 提出利用虚拟同步平衡电流控制策略，通过对故障期间的电流进行状态跟随，实现虚拟同步平衡电流控制与传统的低电压穿越控制两种模式平滑切换，该控制方法可以有效抑制瞬时过电流。对于直接电压式虚拟同步发电机，文献 [119] 提出在电网故障时利用电网电压前馈和有功功率指令调节的方法来防止瞬时过电流。文献 [103] 提出采用虚拟电阻与相量限流相结合的方法实现瞬时过电流的限制。以上针对虚拟同步发电机的低电压穿越控制技术的研究，大多集中在对输出电流的限制，基本没有涉及如何满足对无功电流注入的要求，无法满足低电压穿越相关标准的要求。

3.2.2 平衡电流虚拟同步控制策略

在配电网电压不平衡时，要求输出电流三相平衡，即输出电流中只包含正序电流分量，而负序电流分量为零，此处引入基于同步旋转坐标的输出电流分序控制策略对正负序电流分别进行控制。在电网电压不平衡时，瞬时有功功率及无功功率的波动会通过有功控制环及无功控制环反映到参考电压幅值和相角上，导致输出电流三相不平衡。因此，在以输出电流三相平衡为控制目标时，需要将瞬时功率的 2 倍电网频率波动分量滤除，只将瞬时功率平均值代入虚拟同步发电机的无功-电压、有功-频率控制环，从而得到恒定的参考电压幅值 U 及相位角 θ，进而得到正序电压参考值 u_c^*，送入正序电压电流控制环，以实现正序输出电流控制。为实现输出电流三相平衡，将负序电流指令值设定为零，送入负序电流控制环即可实现负序电流抑制。整个分序电压电流控制环结构如图 3-3 所示，机端电压环采用基于同步旋转坐标系的 PI 控制器，实现机端电压的无静差跟踪，电流内环为变流器侧电感电流比例调节。将上述电网电压不平衡时，实现输出电流三相平衡的改进的虚拟同步控制策略命名为平衡电流虚拟同步控制策略。

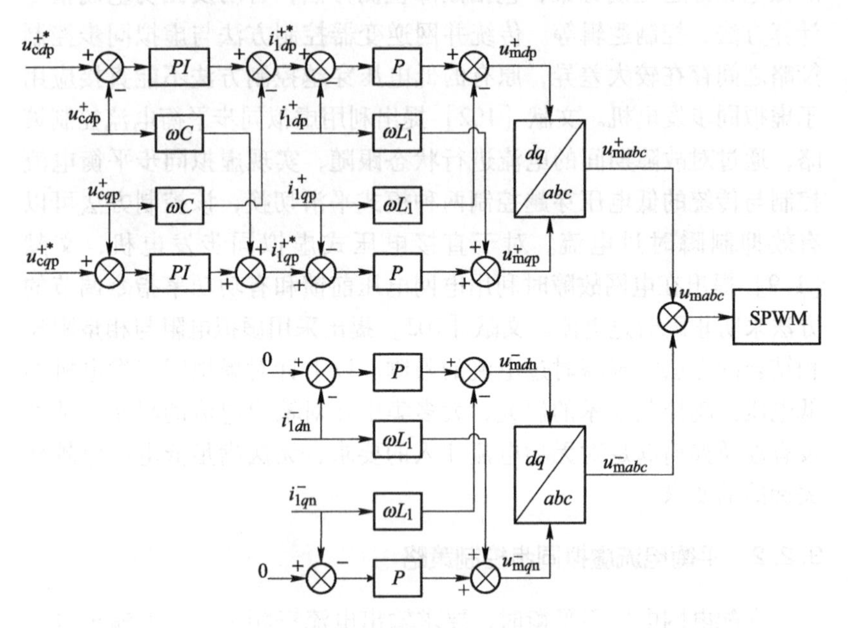

图 3-3 电压电流分序控制环结构

L_1—滤波电感；C—滤波电容；ω—输出角频率；上标“+”—正序分量；
上标“-”—负序分量；下标“dqp”—正序同步旋转 dq 坐标；
下标“dqn”—负序同步旋转 dq 坐标；
u_{cdp}^{+}，u_{cqp}^{+}—正序旋转 dq 坐标下的机端电压正序分量；
i_{1dp}^{+}，i_{1qp}^{+}—变流器侧电感电流正序旋转 dq 坐标下正序分量；
i_{1dn}^{-}，i_{1qn}^{-}—变流器侧电感电流负序旋转 dq 坐标下负序分量

为实现电压及电流的分序控制，需要对电压及电流进行正负序分量分离，完成正负序分离的方法较多，常用的有对称分量法、1/4 周期延迟法、二阶广义积分器（second order generalized integrator，SOGI）、降阶广义积分器（reduced order generalized integrator，ROGI）。采用对称分量法时，每相电压和电流都需要进行 90°移相，整体运算量大，实现比较复杂。1/4 周期延迟法，SOGI 的正负序分

离方法，其本质也是构造 90°移相，当电网电压不平衡变化时，1/4 周期延迟法在一个 1/4 计算周期内结果存在较大误差，不适用于电网对称故障时的正负序分量。

此处采用基于 ROGI 的基波正负序分离方法，与其他的分离方法相比，ROGI 准确性高、速度快，尤其适用于弱电网及故障电网下的电压及电流的正、负序分离提取。ROGI 连续域的传递函数为：

$$G_{\mathrm{ROGI}} = \frac{k}{s \pm \mathrm{j}\omega} \tag{3-7}$$

式中 k——用于调节分离速度。

$u_{\alpha\beta}^{+}$、$u_{\alpha\beta}^{-}$与 $u_{\alpha\beta}$之间的连续域传递函数关系为：

$$\begin{cases} u_{\alpha\beta}^{+} = \dfrac{k(s + \mathrm{j}\omega)}{s^2 + 2ks + \omega^2} u_{\alpha\beta} \\ u_{\alpha\beta}^{-} = \dfrac{k(s - \mathrm{j}\omega)}{s^2 + 2ks + \omega^2} u_{\alpha\beta} \end{cases} \tag{3-8}$$

式中 上标“±”——正序与负序分量。

基于 ROGI 的正负序分离方法如图 3-4 所示。

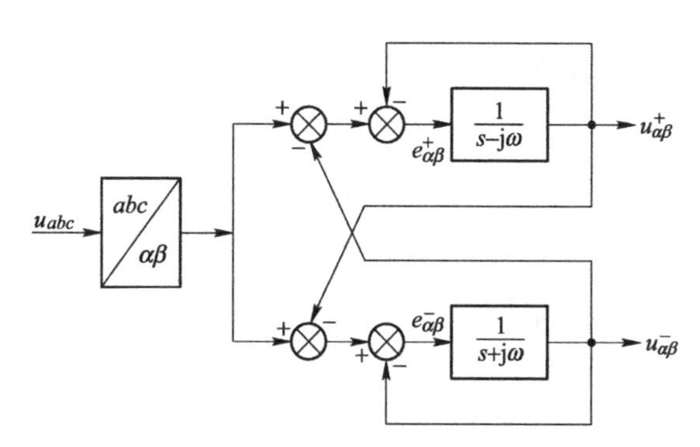

图 3-4 基于 ROGI 的正负序分离方法

ROGI 具有频率极性选择功能，能够实现正负序分离。在提取正序分量时，ROGI 在 50Hz 处呈现带通特性，在−50Hz 处呈现陷波特性；同样，在提取负序分量时，ROGI 在-50Hz 处呈现带通特性，在 50Hz 处呈现陷波特性。基于 ROGI 的正负序分离方法无需进行 90°移相，提高了分离速度；并且 ROGI 对谐波分量有很好的抑制作用[120]。

由式（3-7）可知，在 ROGI 的计算过程中，涉及复数 j 的运算，在实际应用中，可以利用 $\alpha\beta$ 轴的正交关系进行简化，以正序分量为例：

$$u_\alpha^+ + \mathrm{j}u_\beta^+ = (e_\alpha^+ + \mathrm{j}e_\beta^+)\frac{k}{s-\mathrm{j}\omega} \tag{3-9}$$

式中 e_α^+，e_β^+ ——正序 ROGI 的输入；

u_α^+，u_β^+ ——输出。

对式（3-9）左右两边同乘以 $s-\mathrm{j}\omega$，可得：

$$\begin{cases} u_\alpha^+ = \dfrac{k}{s}(e_\alpha^+ - \omega u_\beta^+) \\ u_\beta^+ = \dfrac{k}{s}(e_\beta^+ - \omega u_\alpha^+) \end{cases} \tag{3-10}$$

在实际应用中，需要将式（3-10）进行离散化，采用 Tustin 双线性变换进行离散化处理，Tustin 变换如式（3-11）所示，T_s为采样周期。

$$s = \frac{T_s}{2}\frac{z-1}{z+1} \tag{3-11}$$

离散化后的 ROGI 表达式：

$$\begin{cases} u_\alpha^+ = \dfrac{T_s}{2}[e_\alpha^+(n) + e_\alpha^+(n-1) + u_\alpha^+(n-1)] - \dfrac{\omega T_s}{2}[u_\beta^+(n) + u_\beta^+(n-1)] \\ u_\beta^+ = \dfrac{T_s}{2}[e_\beta^+(n) + e_\beta^+(n-1) + u_\beta^+(n-1)] - \dfrac{\omega T_s}{2}[u_\alpha^+(n) + u_\alpha^+(n-1)] \end{cases} \tag{3-12}$$

可见，采用基于 ROGI 的正负序分离方法，运算量少，实现简单。在 $\alpha\beta$ 坐标下，正序和负序分量分别以角频率 ω 和以 $-\omega$ 按相反方向旋转，若将负序分量变换至正序旋转坐标系下，负序分量以 2ω 的波动存在。对分离后的正负序分量进行 dq 坐标变换，正序和负序分量将在各自的同步旋转坐标系下为直流量。

3.2.3 基于虚拟阻抗的瞬时电流抑制

虚拟阻抗可以增加虚拟同步发电机等效输出阻抗，增加虚拟阻抗后，电网故障时，电流瞬时值可以表示为：

$$\Delta I_1(t) = \frac{\Delta U_{\mathrm{p}}}{(R_1 + R_{\mathrm{v}}) + \mathrm{j}(X_1 + X_{\mathrm{v}})} \tag{3-13}$$

式中 $R_{\mathrm{v}}+\mathrm{j}X_{\mathrm{v}}$——虚拟阻抗。

假设虚拟同步发电机机端发生三相短路故障，此时虚拟同步发电机内电势到故障点的等效阻抗可以等效为滤波阻抗，滤波阻抗通常内阻很小，此时可以将 R_1 忽略，引入虚拟阻抗之后滤波阻抗通常较小，一般小于 0.1pu，因此电流瞬时值可以表示为：

$$|\Delta I_1(t)| = \frac{|\Delta U_{\mathrm{p}}|}{\sqrt{R_{\mathrm{v}}^2 + (\omega L_{\mathrm{v}})^2}} \tag{3-14}$$

考虑极端条件下电网电压跌落为零，要求虚拟同步发电机输出瞬时电流小于 1.3pu，则虚拟阻抗的模需要大于 3pu。在虚拟同步机正常工作时，不投入虚拟阻抗，当电流超过阈值时，切入虚拟阻抗抑制瞬时过电流，过电流阈值设置为 1.25pu。增加虚拟阻抗后的电压电流控制环结构图如图 3-5 所示，图中 $u_{\mathrm{vc}dp}^{+}$、$u_{\mathrm{vc}qp}^{+}$ 为虚拟阻抗产生 dq 轴电压分量。$u_{\mathrm{vc}dp}^{+}$、$u_{\mathrm{vc}qp}^{+}$ 计算如式（3-15）所示，在 dq 旋转坐标下设计虚拟阻抗，使得虚拟同步发电机输出电流解耦后可直接用于设计虚拟阻抗，降低电流高次谐波影响，易于工程实现[121]。

$$\begin{bmatrix} u_{\mathrm{vc}dp}^{+} \\ u_{\mathrm{vc}qp}^{+} \end{bmatrix} = \begin{bmatrix} R_{\mathrm{v}} & -\omega L_{\mathrm{v}} \\ R_{\mathrm{v}} & \omega L_{\mathrm{v}} \end{bmatrix} \begin{bmatrix} i_{1dp}^{+} \\ i_{1qp}^{+} \end{bmatrix} \tag{3-15}$$

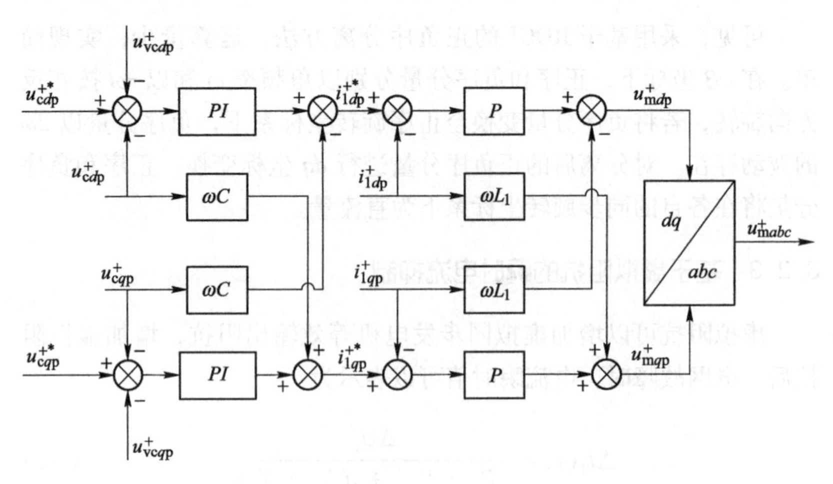

图 3-5　增加虚拟阻抗后的正序电压电流控制环结构

3.2.4　分布式虚拟同步发电机低电压穿越控制技术

上述改进后的虚拟同步发电机在配电网短路故障时可以限制输出电流瞬时值，同时实现输出电流的三相平衡。本节研究如何确保虚拟同步发电机在规定时间内注入指定大小的无功电流。从 3.1 节分析可知，BDEW 要求自并网点电压跌落时刻起，无功电流响应时间小于 20ms，注入无功电流大小应满足式（3-1）。取 $k=2$，对式（3-1）进行变换可得：

$$i_{1q} = i_{1q}(t_-) + 2\frac{\Delta U}{U_n}I_n \tag{3-16}$$

式中　i_{1q}——电压跌落时要求输出无功电流大小；

$i_{1q}(t_-)$——电压跌落前输出无功电流大小。

对式（3-16）等式两边乘以$\frac{3}{2}u_{pd}$可得：

$$Q_L^* = \frac{3}{2}u_{pd}i_{1q} = \frac{3}{2}u_{pd}i_{1q}(t_-) + 3u_{pd}I_n\frac{\Delta U}{U_n} \tag{3-17}$$

式中　Q_L^* ——低电压穿越时要求输出的无功功率；

u_{pd} ——并网点电压的 d 轴分量。

由式（3-17）可知，电压跌落时对于注入无功电流的要求可以转换为对输出无功功率的要求，通过虚拟同步发电机在规定时间内输出指定大小无功功率即可满足低电压穿越技术要求。但是由于传统虚拟同步发电机控制方法中无功功率环只包含积分环节，功率环响应速度比较慢，无法在20ms时间内输出指定大小的无功电流，因此需要对传统虚拟同步控制策略进行改进。在虚拟同步控制策略无功功率环引入PI控制器，加快无功功率的响应速度。由于并网模式时，并网点电压频率被电网钳位，调频器失效，因此在有功功率环中的下垂环节失效，只保留阻尼特性。在无功环中，通过重新设定无功功率指令值对并网点电压提供支撑，原有无功环节中的调压器会影响无功功率指令值大小，所以将电压下垂环节去除[122]。修改后的无功功率环如图3-6所示。

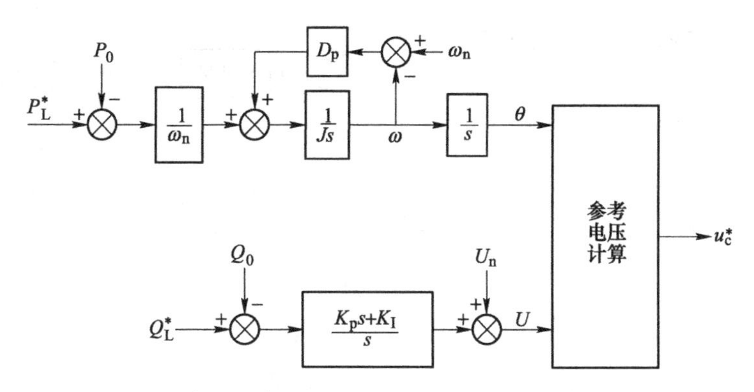

图3-6 低电压穿越时改进虚拟同步发电机功率控制环

图3-6中K_p、K_I分别无功功率环比例系数及积分系数，K_p不能设置过大，过大的K_p值使得无功功率变化太快将导致有功功率的振荡，P_L^*为低电压穿越时要求输出的有功功率的值，要确定P_L^*大小首先确定有功电流i_{1d}大小，一般设置稳态故障电流小于额定电流，所以可以根据无功电流的大小计算有功电流，计算公式如下式所示：

$$\begin{cases} i_{1d} \leqslant \sqrt{I_n^2 - i_{1q}^2} \\ P_L^* = 1.5u_{pd} \times i_{1d} \end{cases} \tag{3-18}$$

在无功电流 i_{1d}设定值较大情况，为保证交流侧输出电流不过流，就需要相应的减小有功电流，有功电流最小值可以设定为零，以保证最大程度的注入无功电流。当检测到故障发生后，只需将虚拟同步发电机的功率参考值进行重新设定，即可有效限制稳态输出电流幅值，并注入指定大小无功电流，为系统提供相应无功支撑，虚拟同步发电机具有低电压穿越的功能。当故障清除后，将功率参考值重新设定为原有功率值即可。由于在故障发生和清除后，虚拟同步发电机输出的电压、相角及频率与电网始终保持同步，不会造成大的冲击电流。

分布式虚拟同步发电机低电压穿越控制技术整体框图如图 3-7 所

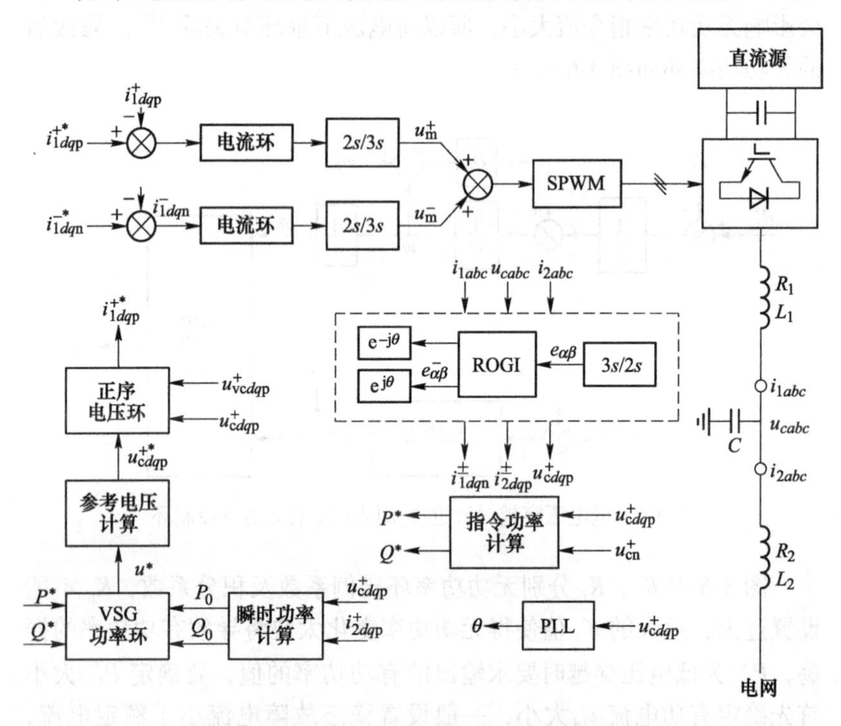

图 3-7　虚拟同步发电机低电压穿越控制结构图

R_1—滤波电感等效内阻与功率器件等效内阻之和；L_1，C—滤波电感及滤波电容；R_2，L_2—输电线路阻感；i_{1a}、i_{1b}、i_{1c}—变流器侧电感电流；i_{2a}、i_{2b}、i_{2c}—网侧输出电流；u_a、u_b、u_c—变流器桥臂中点电压；u_{ca}、u_{cb}、u_{cc}—机端电压

示，当配电网电压跌落时，虚拟同步发电机根据低电压穿越技术要求，对功率指令值进行重新设定，再经过改进后的虚拟同步控制功率环及参考电压计算模块得到机端电压正序指令值，在瞬时电流过流时通过引入虚拟阻抗对其进行限制，之后经过正序电压控制环得到正序电流指令，再经过正序电流控制环得到正序调制电压，负序电流指令值设定为零，经过负序电流控制环得到负序调制电压，正、负序调制电压合成后形成最终调制电压，控制变流器功率器件通断，实现虚拟同步发电机低电压穿越。

3.3 仿真与实验

3.3.1 仿真结果

为方便实验及仿真平台搭建，在380V系统中进行仿真及实验验证，使用Matlab/Simulink搭建一台15kV·A的虚拟同步发电机模型进行仿真验证，分别验证配电网电压单相、两相及三相故障时，提出的虚拟同步发电机低电压穿越控制技术的有效性，主要参数见表2-1，无功功率环控制参数$K_p=0.02$，$K_i=5$。整个仿真时长为1.2s，在0~0.4s时配电网电压正常，虚拟同步发电机工作正常，在0.4~0.7s过程中配电网发生短路故障，并网点电压跌落，在0.7s时故障清除。当电网发生不对称短路故障，虚拟同步发电机输出瞬时有功功率及无功功率存在2倍电网频率波动，为了便于分析，以下有功功率及无功功率均为滤除2倍电网频率之后的平均功率。

图3-8所示为配电网发生单相短路故障，单相电压跌落到额定电压的20%时，有功功率设定为12kW，无功功率设定为1kvar时，传统的虚拟同步控制策略在故障发生和清除过程中虚拟同步发电机输出平均有功功率、平均无功功率、电流及无功电流波形，从图3-8（a）中可知，由于单相电压故障导致的电压变化量不大以及等效输出阻抗的限流作用，故障发生时的瞬时电流不过流。单相电压跌落，并网点电压三相不平衡，此时输出电流三相不平衡，由于输出功率仍然按照原有的功率指令进行，稳态输出电流最大值为1.4pu，稳态输出电流过流。图3-8（b）为改进后的虚拟同步控制策略仿真结果，

从图中可知，故障发生时，改进后的虚拟同步发电机无功功率及有功功率按照无功电流要求进行设定，输出电流瞬时值及稳态值均不过流，能够保证虚拟同步发电机的持续并网运行，同时能够保证输出电流三相平衡，无功电流响应速度时间小于 20ms，满足德国 BDEW 低电压穿越要求；在故障清除时，有功功率能够在 50ms 内快速恢复，满足低电压穿越技术对故障清除后有功功率以 20%额定功

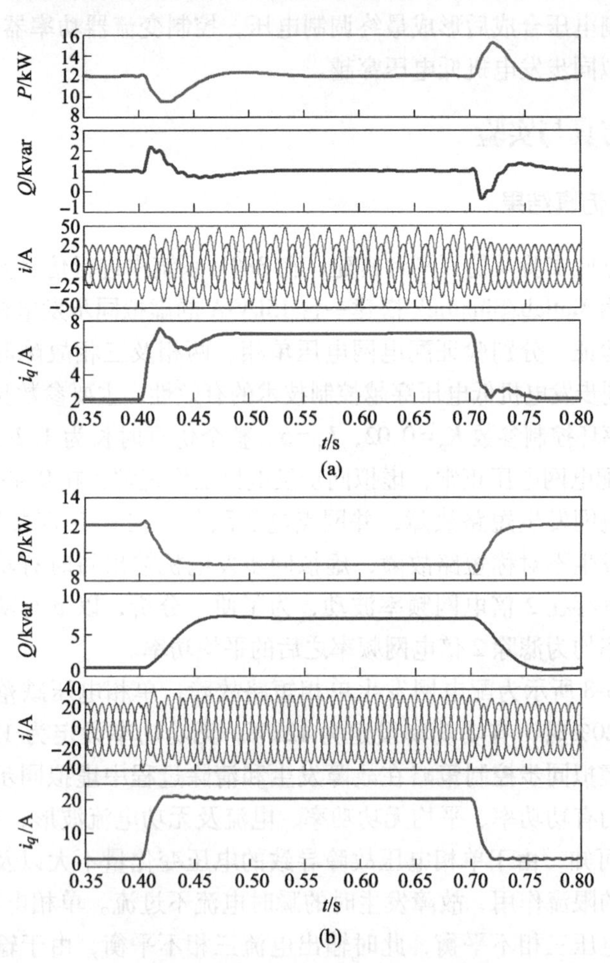

图 3-8　配电网电压单相跌落时仿真图

（a）传统虚拟同步控制；（b）改进后虚拟同步控制

率/秒的恢复速度要求。

图 3-9 所示为配电网发生两相短路故障，两相电压跌落到额定电压的 20%，有功功率设定为 12kW，无功功率设定为 1kvar 时，传统的虚拟同步控制策略的仿真结果，从图 3-9（a）中可知，瞬时输出电流不过流，两相短路故障时稳态输出电流存在不平衡分量，稳态输出电流最大值为 2. 2pu，而且传统虚拟同步控制策略无法实现指定大小无功电流注入；图 3-9（b）所示为改进后的虚拟同步控制策

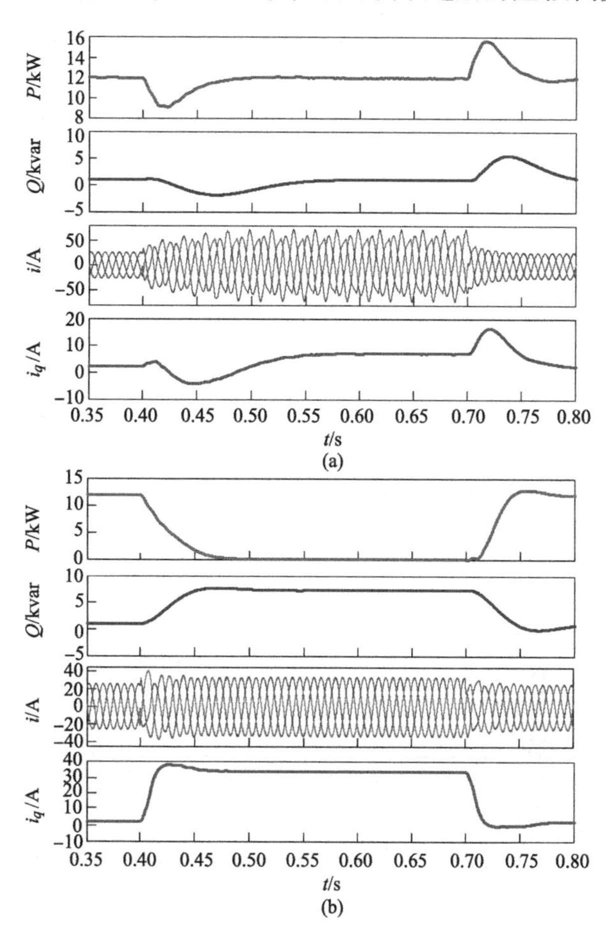

图 3-9 配电网电压两相跌落时仿真图

（a）传统虚拟同步控制；（b）改进后虚拟同步控制

略仿真结果，故障发生时，改进后的虚拟同步发电机输出功率按照无功电流要求重新设置，此时为了满足无功电流输出要求，有功电流设置为零，瞬时电流及稳态电流均不过流，可保证虚拟同步发电机持续并网运行；同时稳态输出电流三相平衡，无功电流响应速度时间小于 20ms，满足德国 BDEW 低电压穿越要求；在故障清除时，有功功率能够在 50ms 内快速恢复，满足低电压穿越技术要求。

图 3-10 所示为配电网发生三相短路故障，三相电压跌落到额定

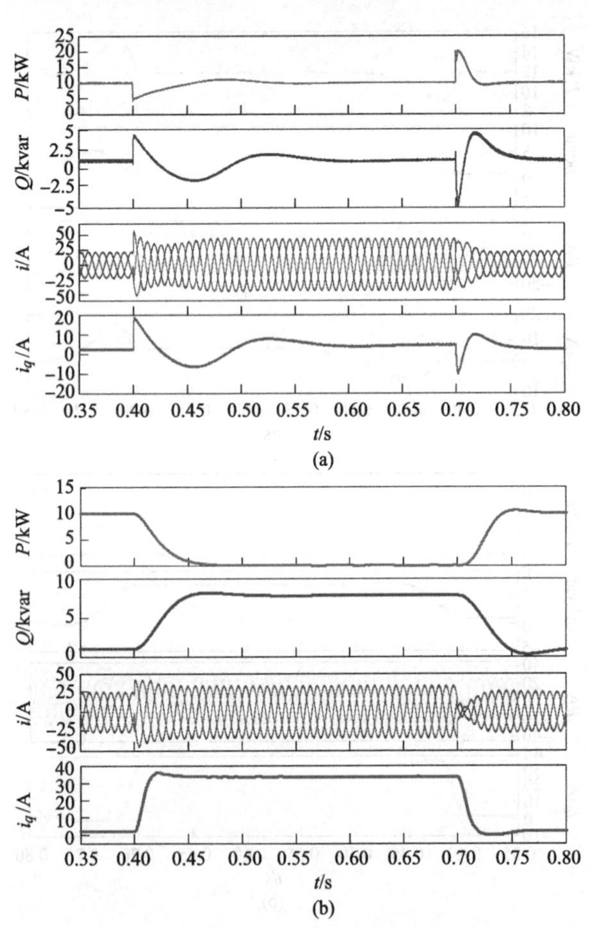

图 3-10　配电网电压三相跌落时仿真图

（a）传统虚拟同步控制；（b）改进后虚拟同步控制

电压的20%，有功功率设定为10kW，无功功率设定为1kvar时，传统的虚拟同步控制策略仿真波形。从图3-10（a）中可知，瞬时电流最大值为1.75pu，稳态电流最大值为1.3pu，瞬时电流及稳态电流均过流，和3.2节中分析结果一致。传统的虚拟同步发电机控制功率环响应慢，导致整个功率调整时间很长，功率输出按照故障发生前功率给定值输出，故障发生时传统的虚拟同步发电机控制无法在规定时间内注入指定大小的无功电流，故障清除后，有功功率恢复响应速度慢。图3-10（b）所示为改进后的虚拟同步控制策略仿真图，从图中可知，故障发生时，改进后的虚拟同步发电机输出功率按照无功电流要求重新设置，此时为了保证足够的无功电流输出，将有功电流设置为0，瞬时电流为1.27pu，瞬时电流及稳态电流均不过流，能够保证虚拟同步发电机持续并网运行；无功电流响应速度时间小于20ms，满足BDEW低电压穿越要求；在故障清除时，有功功率能够在50ms内快速恢复，满足低电压穿越技术要求。

3.3.2 实验结果

为验证改进虚拟同步控制策略的有效性，搭建了6kV·A虚拟同步发电机测试平台，直流侧采用稳压直流源供电，交流侧采用艾诺ANGS030T可编程交流电源模拟电网，实验主要参数见表2-2。有功功率指令值为4kW，无功功率指令值为1kvar。利用示波器记录并存储电压、电流波形，利用Matlab指令根据存储的电压、电流输出绘制输出功率波形及无功电流波形。

图3-11所示为配电网发生两相短路故障，电压跌落至额定电压的50%时，改进后虚拟同步发电机有功功率、无功功率及无功电流输出波形。从图中可知，在两相电压发生短路时，输出瞬时电流不过流，稳态电流保持三相平衡；在配电网发生故障后，无功电流能够在20ms内达到指定值，有功功率、无功功率变化量及无功电流值与设计值相同。在故障清除后，有功功率能够在50ms内回复至原来指令值，改进后的虚拟同步发电机满足低电压穿越要求。

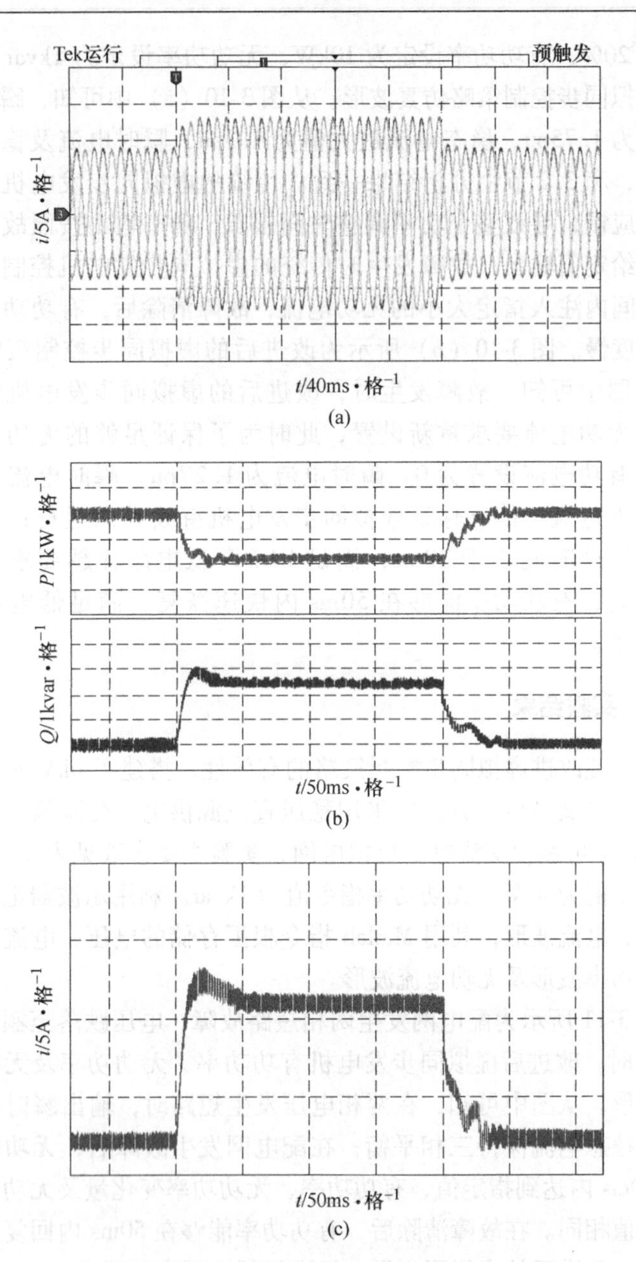

图 3-11　配电网电压两相跌落时实验波形

（a）输出电流波形；（b）输出功率波形；（c）输出无功电流波形

图 3-12 所示为配电网发生三相短路故障，电压跌落至额定电压

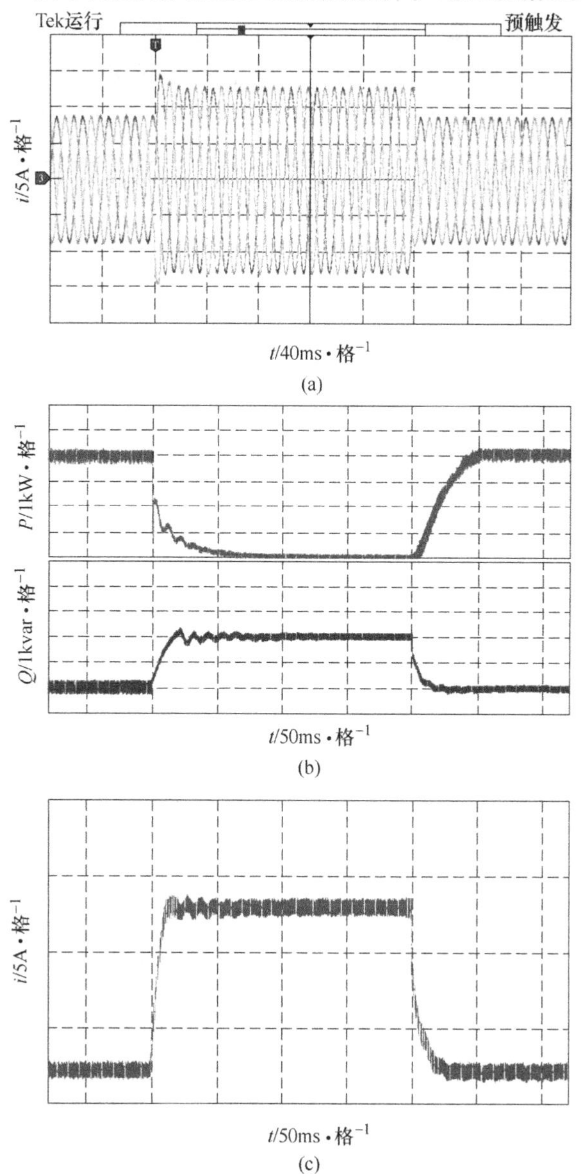

图 3-12 配电网电压三相跌落时实验波形

(a) 输出电流波形；(b) 输出功率波形；(c) 无功电流波形

的 50%时，改进后虚拟同步发电机有功功率、无功功率及无功电流输出波形。从图 3-12 中可知，在电压发生三相跌落时，输出瞬时电流不过流；在电网发生故障后，无功电流能够在 20ms 内达到指定值，无功电流、有功功率及无功功率变化量与设计值相同。在故障清除后，有功功率能够在 50ms 内回复至原来指令值。改进后的虚拟同步发电机满足低电压穿越要求。

4 电网电压不平衡时分布式虚拟同步发电机控制技术

在实际运行时，中低压配电网电压易受到负载不平衡、短路故障等因素影响出现电压三相不平衡，当并网点电压三相不平衡时，分布式虚拟同步发电机输出电流也将出现三相不平衡，输出有功及无功功率将出现 2 倍电网频率的波动。虚拟同步发电机输出电流三相不平衡，将加剧低压配电网中电流三相不平衡。电流三相不平衡轻则影响线路及配电变压器的供电效率，重则导致电力线缆烧断、开关烧毁甚至配电变压器烧毁。电流三相不平衡还将加剧电压三相不平衡，影响用电设备正常使用，甚至危害到用电设备安全运行。传统电网电压不平衡时并网逆变电源的控制算法是利用有功、无功功率设定值直接计算正、负序电流指令值，或利用直接功率控制、电流预测技术等实现电网电压不平衡下控制目标。由于传统逆变电源控制方法与虚拟同步控制策略的结构与机理不同，传统的控制方法无法直接用于虚拟同步发电机。因此，电网电压不平衡时虚拟同步控制策略需要在保证不改变虚拟同步控制策略原理的基础上，实现输出电流三相平衡、抑制有功或无功功率 2 倍电网频率波动的控制目标。

本章首先建立虚拟同步发电机瞬时功率模型，在此基础上给出不同控制目标时同步旋转坐标下正负序电流指令值计算方法，之后对电网电压不平衡时的虚拟同步控制策略展开研究。在不改变虚拟同步发电机机理和特性基础上，基于同步旋转坐标对输出电流进行分序控制，实现输出电流平衡；并根据瞬时功率模型引入正负序电流补偿量，实现抑制有功或无功功率 2 倍电网频率波动的控制目标；再通过引入优化系数调整电流补偿量大小，实现控制目标的相互转化及多目标优化控制；并通过仿真和实验验证提出的电网电压不平衡时的改进虚拟同步控制策略的有效性。

4.1　电网电压不平衡时分布式虚拟同步发电机运行特性分析

虚拟同步发电机主电路结构图如图 2-2 所示，忽略滤波电感及电容的寄生电阻，不考虑死区及 IGBT 开关损耗，在 abc 三相静止坐标下，以 a 相为例，虚拟同步发电机时域数学模型为：

$$\begin{cases} L_2 \dfrac{\mathrm{d}i_{2a}(t)}{\mathrm{d}t} = u_{ca}(t) - e_{ga} \\ L_1 \dfrac{\mathrm{d}i_{1a}(t)}{\mathrm{d}t} = u_a(t) - u_{ca}(t) \\ C_\mathrm{f} \dfrac{\mathrm{d}u_{ca}(t)}{\mathrm{d}t} = i_{ca} = i_{1a} - i_{2a} \\ C \dfrac{\mathrm{d}u_{dc}(t)}{\mathrm{d}t} = i_{dc} - \sum\limits_{k=a,b,c} S_k(t) i_{1k}(t) \end{cases} \tag{4-1}$$

式中　$S_k(t)$ ——桥臂 IGBT 开关函数，上桥臂开通时为 1，下桥臂开通时为零。

同理 bc 相的数学模型类似。在电网电压不平衡时，由于虚拟同步发电机为三相三线，不存在零序分量，根据对称分量法，机端电压时域数学模型可以表示为：

$$\begin{bmatrix} u_{ca} \\ u_{cb} \\ u_{cc} \end{bmatrix} = \begin{bmatrix} U^+ \cos(\omega_0 t + \varphi^+) \\ U^+ \cos(\omega_0 t + \varphi^+ - 120°) \\ U^+ \cos(\omega_0 t + \varphi^+ + 120°) \end{bmatrix} + \begin{bmatrix} U^- \cos(\omega_0 t + \varphi^-) \\ U^- \cos(\omega_0 t + \varphi^- + 120°) \\ U^- \cos(\omega_0 t + \varphi^- - 120°) \end{bmatrix} \tag{4-2}$$

在两相静止 $\alpha\beta$ 坐标下的时域数学模型为：

$$\begin{bmatrix} u_{c\alpha} \\ u_{c\beta} \end{bmatrix} = \begin{bmatrix} u_{c\alpha}^{+} \\ u_{c\alpha}^{+} \end{bmatrix} + \begin{bmatrix} u_{c\alpha}^{-} \\ u_{c\alpha}^{-} \end{bmatrix} = \begin{bmatrix} U^{+}\cos(\omega_0 t + \varphi^{+}) \\ U^{+}\cos(\omega_0 t + \varphi^{+}) \end{bmatrix} + \begin{bmatrix} U^{-}\cos(\omega_0 t + \varphi^{-}) \\ -U^{-}\cos(\omega_0 t + \varphi^{-}) \end{bmatrix} \tag{4-3}$$

式中 U^{+}，U^{-}——机端电压正序负序分量幅值；

φ^{+}，φ^{-}——机端电压正序负序分量初始相位角；

ω_0——电网基波角频率。

将两相静止 $\alpha\beta$ 坐标下的时域数学模型表示成矢量形式：

$$u_{c\alpha\beta} = u_{c\alpha}^{+} + u_{c\beta}^{-} = U^{+}\mathrm{e}^{\mathrm{j}(\omega_0 t + \varphi^{+})} + U^{-}\mathrm{e}^{\mathrm{j}(-\omega_0 t - \varphi^{-})} = u_{c\alpha} + \mathrm{j}u_{c\beta} \tag{4-4}$$

同理可以得到，变流器侧输出电流时域数学模型以及空间矢量表达式：

$$\begin{bmatrix} i_{1\alpha} \\ i_{1\beta} \end{bmatrix} = \begin{bmatrix} i_{1\alpha}^{+} \\ i_{1\alpha}^{+} \end{bmatrix} + \begin{bmatrix} i_{1\alpha}^{-} \\ i_{1\alpha}^{-} \end{bmatrix} = \begin{bmatrix} I_1^{+}\cos(\omega_0 t + \theta^{+}) \\ I_1^{+}\cos(\omega_0 t + \theta^{+}) \end{bmatrix} + \begin{bmatrix} I_1^{-}\cos(\omega_0 t + \theta^{-}) \\ -I_1^{-}\cos(\omega_0 t + \theta^{-}) \end{bmatrix} \tag{4-5}$$

$$i_{1\alpha\beta} = i_{1\alpha}^{+} + i_{1\beta}^{-} = I_1^{+}\mathrm{e}^{\mathrm{j}(\omega_0 t + \theta^{+})} + I_1^{-}\mathrm{e}^{\mathrm{j}(-\omega_0 t - \theta^{-})} = i_{1\alpha} + \mathrm{j}i_{1\beta} \tag{4-6}$$

式中 I_1^{+}，I_1^{-}——变流器侧电流正序负序分量幅值；

θ^{+}，θ^{-}——输出电流正序、负序分量初始相位角[123]。

以正序机端电压矢量的相位角进行正序负序旋转 dq 坐标系定向，机端电压及变流器侧电流的两相静止 $\alpha\beta$ 坐标下的时域数学模型矢量表达式为：

$$u_{c\alpha\beta} = u_{cdqp}^{+}\mathrm{e}^{\mathrm{j}(\omega_0 t + \varphi^{+})} + u_{cdqn}^{-}\mathrm{e}^{-\mathrm{j}(\omega_0 t + \varphi^{+})} \tag{4-7}$$

$$i_{1\alpha\beta} = i_{1dqp}^{+}\mathrm{e}^{\mathrm{j}(\omega_0 t + \varphi^{+})} + i_{1dqn}^{-}\mathrm{e}^{-\mathrm{j}(\omega_0 t + \varphi^{+})} \tag{4-8}$$

式中 上标“+”——正序分量；

上标“-”——负序分量；

下标“dqp”——正序同步旋转 dq 坐标；

下标“dqn”——负序同步旋转 dq 坐标；

u_{cdqp}^{+}，i_{1dqp}^{+}——正序旋转 dq 坐标系下机端电压正序分量及变流器侧电流正序分量；

u_{cdqn}^{-}，i_{1dqn}^{-}——负序旋转 dq 坐标下机端电压负序分量及变流器侧电流负序分量。

不平衡电网电压下，输出瞬时复功率 S 可表示为：

$$S = u_{c\alpha\beta}\hat{i}_{1\alpha\beta} = [u_{cdqp}^{+}e^{j(\omega_0 t+\varphi^{+})} + u_{cdqn}^{-}e^{-j(\omega_0 t+\varphi^{+})}] \cdot [i_{1dqp}^{+}e^{-j(\omega_0 t+\varphi^{+})} + i_{1dqn}^{-}e^{j(\omega_0 t+\varphi^{+})}] \tag{4-9}$$

输出瞬时有功功率及无功功率分别为：

$$\begin{aligned} P &= Re(S) = p_0 + p_{\cos2}\cos(2\omega_0 t + 2\varphi^{+}) + p_{\sin2}\sin(2\omega_0 t + 2\varphi^{+}) \\ Q &= Im(S) = q_0 + q_{\cos2}\cos(2\omega_0 t + 2\varphi^{+}) + q_{\sin2}\sin(2\omega_0 t + 2\varphi^{+}) \end{aligned} \tag{4-10}$$

$$\begin{bmatrix} p_0 \\ q_0 \\ p_{\cos2} \\ p_{\sin2} \\ q_{\cos2} \\ q_{\sin2} \end{bmatrix} = \begin{bmatrix} u_{cdp}^{+} & u_{cqp}^{+} & u_{cdn}^{-} & u_{cqn}^{-} \\ u_{cqp}^{+} & -u_{cdp}^{+} & u_{cqn}^{-} & -u_{cdn}^{-} \\ u_{cdn}^{-} & u_{cqn}^{-} & u_{cdp}^{+} & u_{cqp}^{+} \\ u_{cqn}^{-} & -u_{cdn}^{-} & -u_{cqp}^{+} & u_{cdp}^{+} \\ u_{cqn}^{-} & -u_{cdn}^{-} & u_{cqp}^{+} & -u_{cdp}^{+} \\ -u_{cdn}^{-} & -u_{cqn}^{-} & u_{cdp}^{+} & u_{cqp}^{+} \end{bmatrix} \begin{bmatrix} i_{1dp}^{+} \\ i_{1qp}^{+} \\ i_{1dn}^{-} \\ i_{1qn}^{-} \end{bmatrix} \tag{4-11}$$

式中 p_0，q_0——输出瞬时有功、无功功率平均值；

$p_{\cos2}$，$q_{\cos2}$——有功功率二次余弦波动幅值及无功功率二次余弦波动幅值；

$p_{\sin2}$，$q_{\sin2}$——有功功率二次正弦波动量幅值及无功功率二次正弦波动量幅值。

当电网电压出现三相不平衡时，输出电流三相不平衡，包含正负序分量；输出瞬时有功功率除了包含平均有功功率 p_0 外，还包含2倍电网频率的有功功率波动分量 $p_{\cos2}\cos(2\omega_0 t+2\varphi^{+})$ 及 $p_{\sin2}$ sin

$(2\omega_0 t+2\varphi^+)$。同理无功功率也包含平均功率分量及2倍电网频率波动分量。

在电网电压三相不平衡时，要实现输出电流三相平衡、减小有功功率或无功功率波动3个不同控制目标，对应旋转 dq 坐标下的正负序电流指令值可通过式（4-11）计算得到。

（1）以输出电流三相平衡为控制目标，则电流负序分量等于零，即 $i_{1dn}^{-*}=i_{1qn}^{-*}=0$，上标“ * ”表示各量的指令值，以正序机端电压矢量进行正序、负序同步旋转 dq 坐标系定向，则有 $u_{cqp}^{+}=0$。此时同步旋转坐标下的正负序电流参考值为：

$$\begin{cases} i_{1dp}^{+*} = p^*/u_{cdp}^{+} \\ i_{1qp}^{+*} = -q^*/u_{cdp}^{+} \\ i_{1qn}^{-*} = 0 \\ i_{1dn}^{-*} = 0 \end{cases} \tag{4-12}$$

式中 下标“dp”——正序同步旋转 d 轴分量；

下标“qp”——正序同步旋转 q 坐标分量；

下标“dn”——负序同步旋转 d 轴分量；

下标“qn”——负序同步旋转 q 坐标分量。

（2）以抑制有功功率2倍电网频率波动为控制目标，即 $p_{\cos2}=p_{\sin2}=0$，此时正负序电流指令值为：

$$\begin{cases} i_{1dp}^{+*} = p^*/[u_{cdp}^{+}(1-k_{dd}^2-k_{qd}^2)] \\ i_{1qp}^{+*} = -q^*/[u_{cdp}^{+}(1+k_{dd}^2+k_{qd}^2)] \\ i_{1qn}^{-*} = -k_{dd}i_{1dp}^{+*}-k_{qd}i_{1qp}^{+*} \\ i_{1dn}^{-*} = -k_{qd}i_{1dp}^{+*}+k_{dd}i_{1qp}^{+*} \end{cases} \tag{4-13}$$

式中 k_{qd}，k_{dd}——电网电压不平衡参数，$k_{qd}=u_{cqn}^{-}/u_{cdp}^{+}$；$k_{dd}=u_{cdn}^{-}/u_{cdp}^{+}$。

（3）以抑制无功功率2倍电网频率波动为控制目标，即 $q_{\cos2}=$

$q_{\sin2}=0$，此时正负序电流指令值为：

$$\begin{cases} i_{1dp}^{+*} = p^* / [u_{cdp}^{+}(1 + k_{dd}^2 + k_{qd}^2)] \\ i_{1qp}^{+*} = - q^* / [u_{cdp}^{+}(1 - k_{dd}^2 - k_{qd}^2)] \\ i_{1qn}^{-*} = k_{dd} i_{1dp}^{+*} + k_{qd} i_{1qp}^{+*} \\ i_{1dn}^{-*} = k_{qd} i_{1dp}^{+*} - k_{dd} i_{1qp}^{+*} \end{cases} \tag{4-14}$$

在以抑制输出功率的 2 倍电网频率波动分量为控制目标时，则由于负序电压的存在，负序电流不为零，输出电流三相不平衡。若以输出电流三相平衡为控制目标，由于电网负序电压与正序电流作用，输出功率的 2 倍电网频率波动仍会存在[123,124]。

4.2　电网电压不平衡时改进分布式虚拟同步控制策略

虚拟同步控制策略模拟同步发电机特性时，通过有功-频率及无功-电压控制环控制输出电压幅值及相角，当虚拟同步发电机接入点电网电压不平衡时，瞬时有功功率及无功功率的 2 倍电网频率波动分量会通过有功控制环及无功控制环反映到电压幅值和相角上，加剧输出电流三相不平衡。电网电压不平衡时，传统并网逆变器控制方法与虚拟同步控制策略的控制器结构与机理存在较大差别，传统的控制方法无法直接用于虚拟同步控制策略。文献［104］中提出改进虚拟同步控制策略，能够实现电网电压不平衡时输出电流三相平衡，但是无法抑制瞬时有功功率或无功功率 2 倍频率波动，由于代入虚拟同步控制策略功率环的有功功率及无功功率存在波动分量，导致虚拟同步控制策略功率环输出参考电压幅值及频率波动，不利于控制目标实现。由此可见，传统虚拟同步控制策略不适用于电网电压不平衡时运行，需要加以改进。

4.2.1　平衡电流虚拟同步控制策略

电网电压不平衡时，要求输出电流三相平衡，即输出电流中只包含正序电流分量，而负序电流分量为零。输出电流分序控制策略如3.2.2节所述，为实现负序电流的抑制，在旋转 dq 坐标下对输出电流进行分序控制，将负序电流指令值设置为零，实现负序电流抑制。将传统虚拟同步控制策略功率环进行改进，在电网电压不平衡时，瞬时有功功率及无功功率的波动分量会通过有功控制环及无功控制环反映到电压幅值和相角上，导致输出电流三相不平衡。因此，在以输出电流三相平衡为控制目标时，需要将瞬时功率的2倍电网频率波动分量滤除，只将瞬时功率平均值代入虚拟同步控制策略的无功-电压、有功-频率控制环，从而得到恒定的参考电压幅值 U 及相位角 θ，进而得到机端电压参考电压 u_{c}^{*}。虚拟同步控制策略功率环结构如图2-5所示，将 u_{c}^{*} 采用正序机端电压矢量定向进行 dq 分解得到正序旋转坐标下的正序分量 $u_{cd\mathrm{p}}^{+*}$、$u_{cq\mathrm{p}}^{+*}$，再经过正序电压环得到正序电流指令值。

为实现输出电流平衡，需对输出电流正负序分量进行独立控制。将负序电流指令值设置为零，将正负序电流指令分别送入电流控制环，得到 dq 坐标下的正负序电压，再将其转换为 abc 坐标下的电压进行叠加，经过正弦脉宽调制后控制功率器件通断。正负序输出电流控制环如图3-3所示，为实现输出电流平衡，负序电流指令值为零，即 $i_{1dn}^{-*}=i_{1qn}^{-*}=0$。改进后的控制策略原理框图如图4-1所示。图中，$\tilde{i}_{1dq\mathrm{p}}^{+}$、$\tilde{i}_{1dqn}^{-}$为正负序电流补偿值，在平衡电流虚拟同步控制策略时，电流补偿值均为零。平衡电流虚拟同步控制策略利用基于ROGI的正负序分离方法，得到 $\alpha\beta$ 坐标下的正负序电压及电流分量，并基于正序机端电压矢量定向实现机端电压及电流的正负序 dq 坐标变换，将平均瞬时功率送入虚拟同步控制环得到桥臂电压参考值，再经过参考电压计算环节得到机端电压正序指令值，送入正序电压环得到正序电流指令值，负序电流指令值设定为零，对正负序电流指令值进行跟踪，得到 dq 坐标下电压，经过 dq/abc 坐标变换后进行叠加，送入SPWM调制模块得到功率器件控制信号。

由式（4-12）可知，为实现输出电流平衡，可直接利用功率给定值与电网电压正序分量计算得到正序电流给定值，在平衡电流虚拟同步控制策略中，功率给定值通过有功-频率、无功-电压控制以

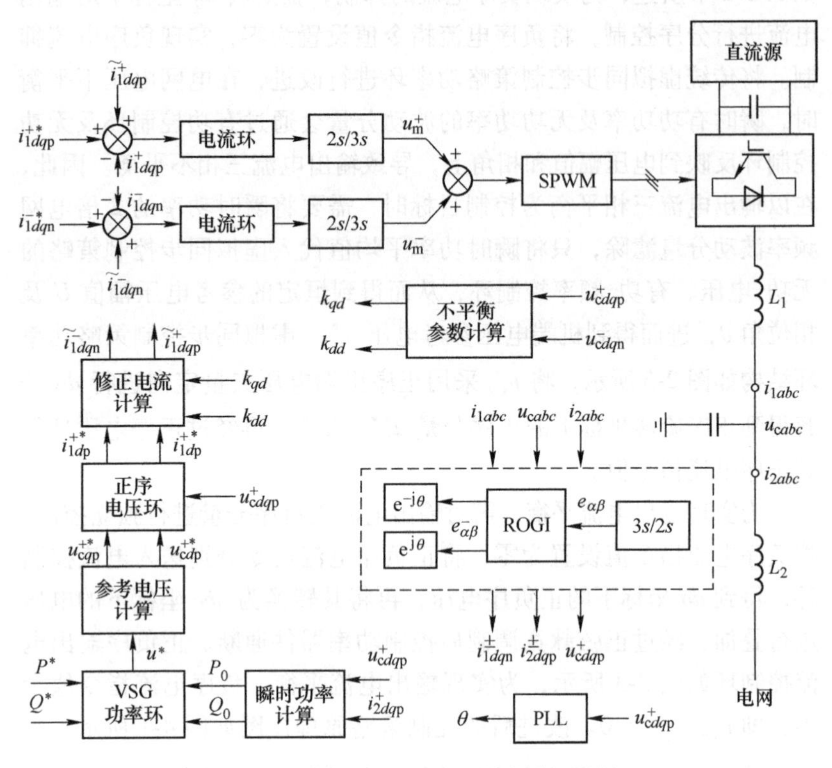

图 4-1　平衡电流虚拟同步控制策略结构

及参考电压计算环节，得到虚拟同步发电机机端电压幅值和相位角，再通过正序电压环得到正序电流指令值。两种控制算法实际上都是利用功率给定值计算电流指令值，区别是虚拟同步控制中增加了虚拟惯性和阻尼环节，因此可以将平衡电流虚拟同步控制策略得到的正序电流指令与式（4-12）中得到的正序电流指令值进行等价[125]。

4.2.2　抑制有功功率 2 倍电网频率波动的虚拟同步控制策略

由上节分析可知，平衡电流虚拟同步控制策略得到的正序电流指令可以与式（4-12）中得到的正序电流指令值等价，电网电压不平衡时，对比由瞬时功率模型得到的不同控制目标时的电流指令值可以得出，在电网不平衡参数固定时，即 k_{dd}、k_{qd}值固定时，抑制有功功率 2 倍电网频率波动的电流正序、负序指令值与平衡电流虚拟同步控制策略的电流指令值之间存在固定关系，只需对平衡电流虚拟同步控制策略的电流正负序指令值进行补偿，并对补偿后的电流指令进行跟踪，即可实现抑制有功功率 2 倍电网频率波动的控制目标。以输出电流平衡为控制目标时的电流正序、负序指令值为基准电流指令，通过对比不同控制目标时的电流参考值式（4-12）、式（4-13）可得，抑制有功功率 2 倍电网频率波动为控制目标时，正序、负序输出电流指令的补偿值为：

$$
\begin{cases}
\tilde{i}_{1dp}^{+} = i_{1dp}^{+*}(k_{dd}^2 + k_{qd}^2)/(1 - k_{dd}^2 - k_{qd}^2) \\
\tilde{i}_{1qp}^{+} = - i_{1qp}^{+*}(k_{dd}^2 + k_{qd}^2)/(1 + k_{dd}^2 + k_{qd}^2) \\
\tilde{i}_{1qn}^{-} = - k_{dd} i_{1dp}^{+*} - k_{qd} i_{1qp}^{+*} \\
\tilde{i}_{1dn}^{-} = - k_{qd} i_{1dp}^{+*} + k_{dd} i_{1qp}^{+*}
\end{cases}
\tag{4-15}
$$

式中 上标“~”——电流补偿值；

i_{1dp}^{+*}，i_{1qp}^{+*}——平衡电流虚拟同步控制得到的正序电流指令值，负序基准电流指令值为零。

改进后虚拟同步控制策略的电流内环控制结构如图 4-2 所示，对补偿后正序、负序电流分量分别进行控制，得到 dq 坐标下正负序电压，经过 dq/abc 坐标变换后叠加，送入调制模块。

4.2.3 抑制无功功率 2 倍电网频率波动的虚拟同步控制策略

同理，利用式（4-14）对平衡电流虚拟同步控制的电流正负序指令值进行补偿，并对补偿后的电流指令值进行跟踪，即可实现抑制无功功率 2 倍电网频率波动的控制目标。此时，正序、负序输出电流指令补偿值如式（4-16）所示，正负序电流控制环结构与图 4-2 一致，此处不赘述。

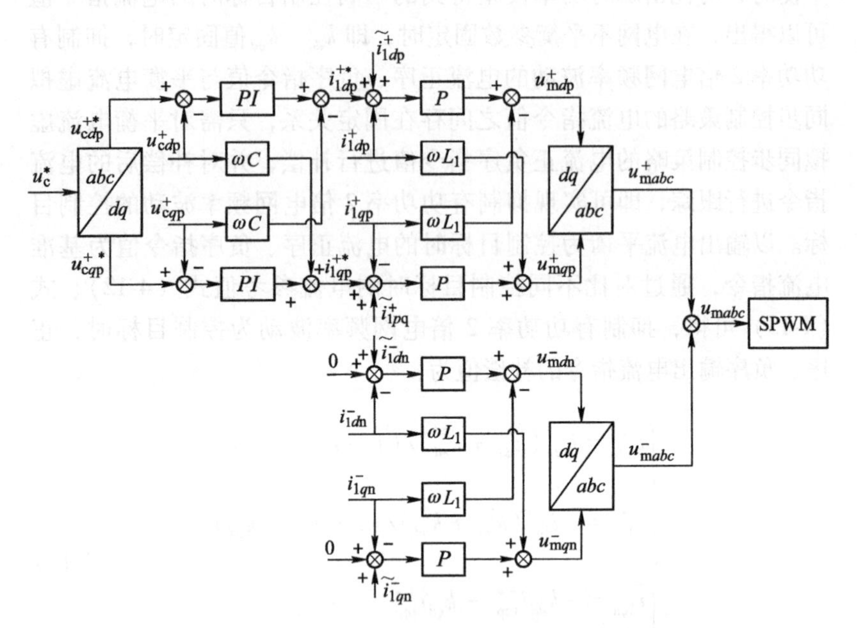

图 4-2　改进后的电压电流正负序内环控制结构

$$
\begin{cases}
\tilde{i}_{1dp}^{+} = -i_{1dp}^{+*}(k_{dd}^{2} + k_{qd}^{2})/(1 + k_{dd}^{2} + k_{qd}^{2}) \\
\tilde{i}_{1qp}^{+} = i_{1qp}^{+*}(k_{dd}^{2} + k_{qd}^{2})/(1 - k_{dd}^{2} - k_{qd}^{2}) \\
\tilde{i}_{1qn}^{-} = k_{dd}i_{1dp}^{+*} + k_{qd}i_{1qp}^{+*} \\
\tilde{i}_{1dn}^{-} = k_{qd}i_{1dp}^{+*} - k_{dd}i_{1qp}^{+*}
\end{cases}
\tag{4-16}
$$

电网电压不平衡时的改进虚拟同步控制策略，利用平衡电流虚拟同步控制得到 dq 坐标系下的基准正序电流指令，再结合电网电压不平衡参数，得到不同控制目标下，虚拟同步发电机正负序电流指令值，分别对正负序电流进行跟踪，实现输出电流三相平衡、抑制有功或无功功率 2 倍电网频率波动的控制目标。改进后的控制策略，不改变虚拟同步控制结构，保留虚拟同步发电机原有的控制特性，同时不依赖线路参数，且无需控制模式的切换，易于工程实现。当电网电压三相平衡时，ROGI 不起作用，改进后的虚拟同步控制策略得到的电流指令值与传统虚拟同步控制相同，同时电网电压不平衡参数都为零，因此在电网电压平衡时，改进后的控制策略对系统不造成影响。改进虚拟同步控制策略将输出瞬时平均功率代入虚拟同步控制策略功率环，从而可保证稳态运行时，经虚拟同步控制策略功率环得到的参考电压幅值及频率恒定，提高基准正序电流分量平衡度，利于控制目标实现。

从以上分析可知，改进后的虚拟同步控制策略只能实现单一控制目标，在抑制输出功率 2 倍频率波动时，由于负序电压的存在，输出负序电流不能为零，输出电流三相不平衡。若以控制输出电流三相平衡为目标，则应消除电流负序分量，但由于电网负序电压与正序电流作用，输出功率波动仍会存在[125,126]。

4.2.4 多目标优化虚拟同步控制策略

以上改进后的虚拟同步控制策略针对某一固定目标进行控制，难以实现电网电压不平衡时虚拟同步发电机输出性能最优。在以抑制瞬时有功功率 2 倍频率波动为控制目标时，会产生较大负序电流，使得输出电流三相不平衡；在以输出电流三相平衡为控制目标时，由于负序电压及正序电流作用，会导致瞬时有功功率、无功功率存在 2 倍电网频率波动。通过对比式（4-15）及式（4-16）发现，在实现不同控制目标时，正序、负序电流指令补偿值存在统一的形式：

$$
\begin{cases}
\tilde{i}^{+}_{1dp} = f\, i^{+*}_{1dp}(k^2_{dd} + k^2_{qd})/[1 - f(k^2_{dd} + k^2_{qd})] \\
\tilde{i}^{+}_{1qp} = -f\, i^{+*}_{1qp}(k^2_{dd} + k^2_{qd})/[1 + f(k^2_{dd} + k^2_{qd})] \\
\tilde{i}^{-}_{1qn} = -f(k_{dd} i^{+*}_{1dp} + k_{qd} i^{+*}_{1qp}) \\
\tilde{i}^{-}_{1dn} = -f(k_{qd} i^{+*}_{1dp} - k_{dd} i^{+*}_{1qp})
\end{cases}
\tag{4-17}
$$

式中，f 为优化系数，当 $f=1$ 时，可以实现抑制输出瞬时有功功率 2 倍电网频率波动控制目标；当 $f=-1$ 时，可以实现抑制输出瞬时无功功率2倍电网频率波动；当$f=0$时，可实现输出电流三相平衡。同时，当$f\in(0,1)$时，可以协同抑制瞬时有功功率及电流三相平衡两个控制目标；当$f\in(-1,0)$时，可以协同抑制瞬时无功功率及电流三相平衡两个控制目标。正序、负序电流指令补偿值计算过程如图4-3所示，优化系数f的取值需要根据电网电压不平衡度以及包含分布式发电单元的电力系统中潮流分布情况进行自动寻优，电网电压不平衡度不大时，在满足输出电流不平衡度要求前提下，尽量抑制输出功率波动。

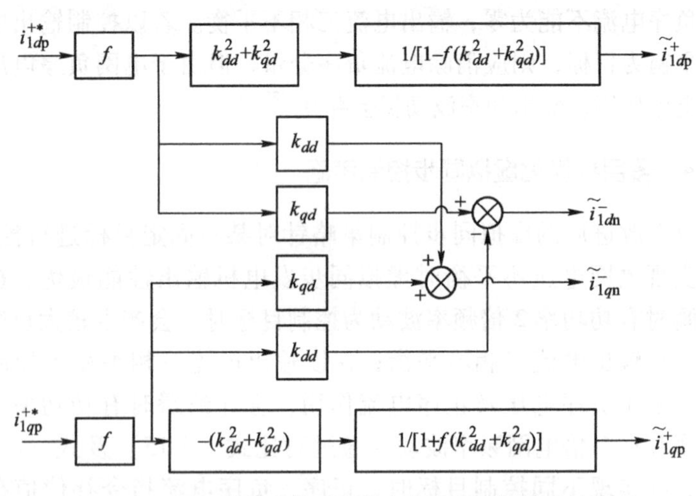

图4-3　引入优化系数后正负序电流指令补偿值计算

改进后的虚拟同步控制策略利用基于ROGI的正负序分离方法，得到$\alpha\beta$坐标下的正负序电压及电流分量；并基于正序机端电压矢量定向实现机端电压及电流的正负序dq坐标变换，采用平衡电流虚拟同步控制策略得到正负序基准电流；结合电网电压不平衡参数以及瞬时功率数学模型，得到统一的虚拟同步发电机输出电流正、负序补偿值计算方法；通过优化系数f的设置对电流补偿值进行调整，分别对补偿后的正负序电流指令进行独立控制，以实现不同控制目标的转换及多目标优化控制。

4.3 仿真与实验

4.3.1 仿真结果

为验证上述控制策略的有效性，使用 Matlab/Simulink 环境搭建一台 15kV·A 的虚拟同步发电机模型，进行仿真验证，主要参数见表 2-1，有功功率指令值为 6kW，无功功率指令值为 5kvar。

图 4-4 所示为基于瞬时功率模型的单个控制目标仿真结果，仿真时总长 0.8s，其中 0~0.2s 时间内，电网电压三相平衡，虚拟同步发电机输出性能正常；0.2~0.8s 时间内，电网电压不平衡，A 相电压幅值降低为额定电压的 50%，此时电网电压不平衡度为 18.8%。

图 4-4（a）所示为传统虚拟同步控制的仿真结果。电网电压平衡时，输出电流三相平衡，电流幅值为 16.9A；电网电压不平衡时，并网电流出现三相不平衡，电流最大幅值为 24A，最小幅值为 18.5A，输出有功及无功功率出现 2 倍电网频率的波动，有功及无功功率波动峰峰值分别为 5.4kW、2.6kvar。

图 4-4（b）所示为 $f=0$，平衡电流虚拟同步控制的仿真结果。在电网电压不平衡时，输出电流三相平衡，电流最大幅值为 20.6A，最小幅值为 20.1A，此时有功功率、无功功率仍存在 2 倍电网基波频率波动，峰峰值分别为 3.25kW 和 3.3kvar。

图 4-4（c）所示为 $f=1$，抑制有功功率波动虚拟同步控制的仿真结果。在电网电压不平衡时，有功功率波动峰峰值减小为 0.6kW，并网电流不平衡，电流最大幅值为 27A，最小幅值为 18.5A，无功功率存在波动，峰峰值为 6.2kvar。

图 4-4（d）所示为 $f=-1$，抑制无功功率波动虚拟同步控制的仿真结果。在电网电压不平衡时，无功功率波动峰峰值减小为 0.55kvar，并网电流不平衡，电流最大幅值为 28A，最小幅值为 19.0A，有功功率存在波动，峰峰值为 6.4kW。

由以上仿真结果可知，采用不同的改进虚拟同步控制策略控制，可以分别实现 3 个不同控制目标。

图 4-5 所示为电网电压不平衡，A 相电压幅值降低为额定电压的 50%时，控制目标切换的仿真结果。其中图 4-5（a）为输出电流的

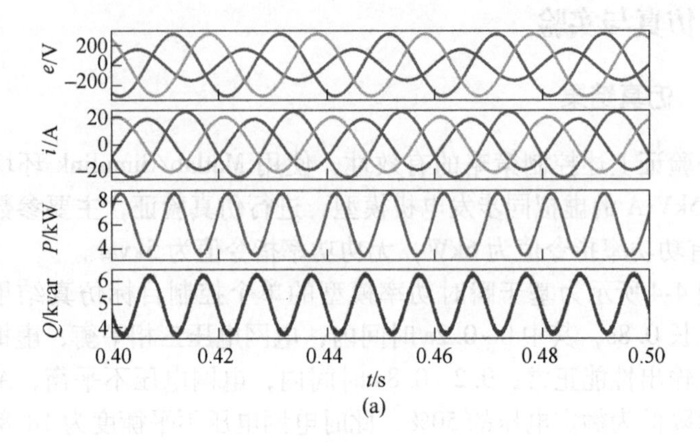
e/V
200
0
−200
i/A
20
0
−20
P/kW
8
6
4
Q/kvar
6
5
4
0.40
0.42
0.44
0.46
0.48
0.50
t/s
(a)

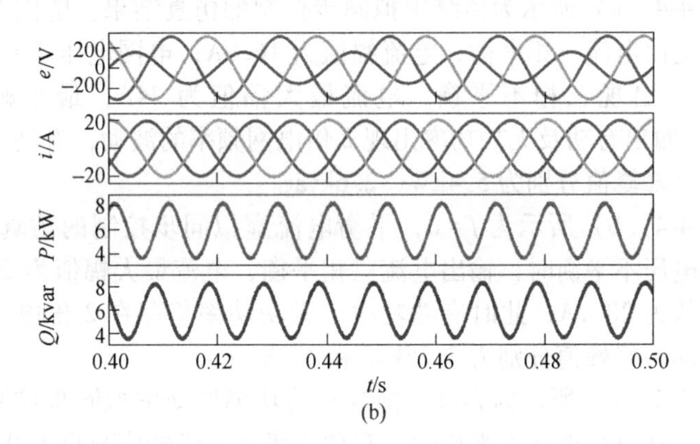
e/V
200
0
−200
i/A
20
0
−20
P/kW
8
6
4
Q/kvar
8
6
4
0.40
0.42
0.44
0.46
0.48
0.50
t/s
(b)

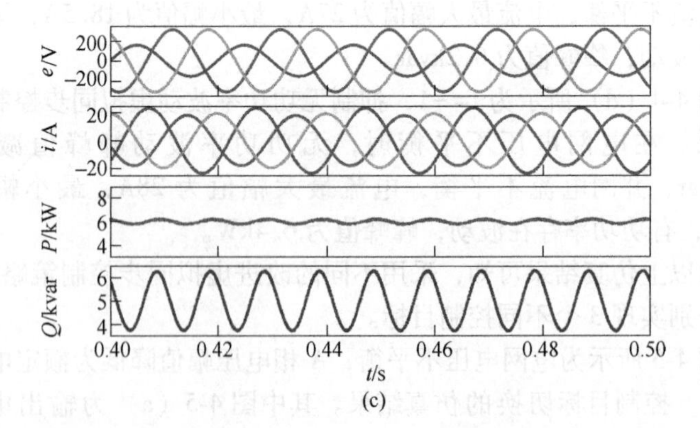
e/V
200
0
−200
i/A
20
0
−20
P/kW
8
6
4
Q/kvar
6
5
4
0.40
0.42
0.44
0.46
0.48
0.50
t/s
(c)

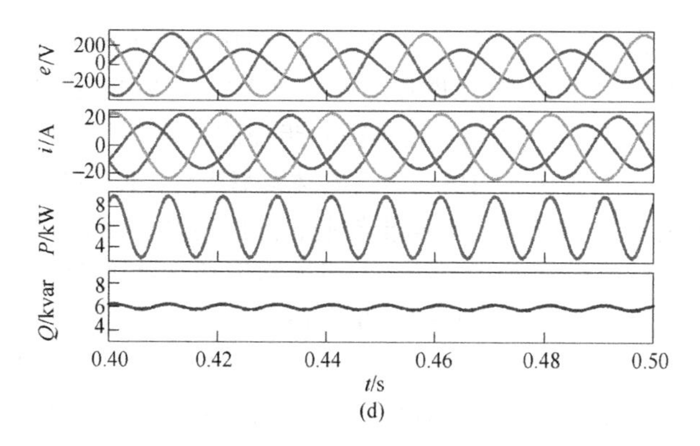

图 4-4 改进虚拟同步控制输出电流、有功及无功功率波形

（a）传统虚拟同步控制；（b）平衡电流虚拟同步控制；

（c）抑制有功功率波动虚拟同步控制；（d）抑制无功功率波动虚拟同步控制

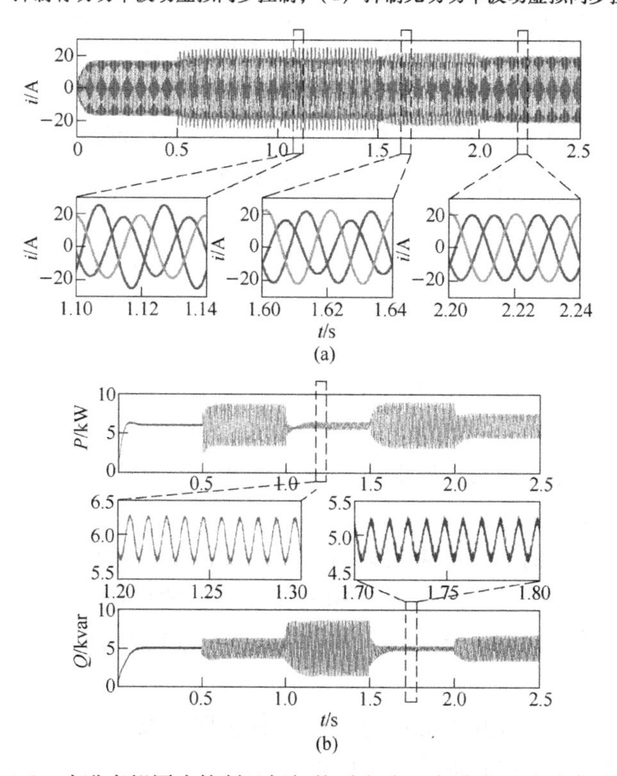

图 4-5 改进虚拟同步控制目标切换时电流、有功及无功功率波形

（a）输出电流；（b）有功、无功功率

仿真结果，图 4-5（b）为有功功率和无功功率的仿真结果。仿真总时间为 2. 5s，0~0. 5s 时电网电压平衡，0. 5~2. 5s 时电网电压出现不平衡，0. 5~1. 0s 采用传统的虚拟同步控制，此时并网电流三相不平衡、有功及无功功率均出现 2 倍电网频率波动。1. 0~1. 5s 取 $f=1$，采用抑制有功功率波动虚拟同步控制，此时有功功率波动峰峰值为 0. 6kW。1. 5~2. 0s 时取 $f=-1$，采用抑制无功功率波动虚拟同步控制，此时无功功率波动峰峰值为 0. 5kvar。2. 0~2. 5s 时取 $f=0$，采用平衡电流虚拟同步控制，此时输为出电流平衡，电流最大幅值为 20. 6A，最小幅值 20. 2A。由以上结果可知改进虚拟同步控制可以实现不同控制目标的稳态运行和控制目标间的可靠切换。

图 4-6 所示为电网电压不平衡，A 相电压幅值降低为额定电压的 50%时，多目标优化虚拟同步控制仿真结果。仿真总时间为 1. 5s，0~0. 5s 时电网电压平衡，0. 5~1. 5s 时电网电压出现不平衡，在电网电压不平衡时，优化系数 f 在（0，1）以及（-1，0）区间变化，$f=\pm0.5$ 作为中间过渡调节系数。从图 4-6（a）可以看出，当 f 在 $0\rightarrow-0.5\rightarrow-1$ 变化过程中，输出瞬时无功功率 2 倍电网频率波动分量逐渐减小，而瞬时有功功率 2 倍电网频率波动分量逐渐增大，同时输出电流三相不平衡度变大。相比于 $f=-1$ 和 $f=0$ 的情况，$f=-0.5$ 时虚拟同步发电机的输出性能是无功功率波动及电流三相不平衡度的折中。从图 4-6（b）可以看出，当 f 在 $0\rightarrow0.5\rightarrow1$ 变化过程中，输出瞬时有功功率 2 倍电网频率波动分量逐渐减小，而瞬时无功功率 2 倍电网频率波动分量逐渐增大，输出电流三相不平衡度变大。$f=0.5$ 时虚拟同步发电机的输出性能是有功功率波动及电流三相不平衡度的折中。

通过以上的仿真结果可以看出，所提出的多目标优化控制策略能够实现电网电压不平衡时虚拟同步发电机的优化运行。因此，结合实际的并网控制系统及其工作模式，优化系数 f 可以实现系统整体性能的优化。

图 4-7 所示为输出滤波电感出现偏差时，改进虚拟同步控制策略的仿真结果。将控制算法中的电感值设置为 10mH，为系统实际电感值的 2 倍。其中图 4-7（a）、（b）、（c）分别为平衡电流虚拟同步

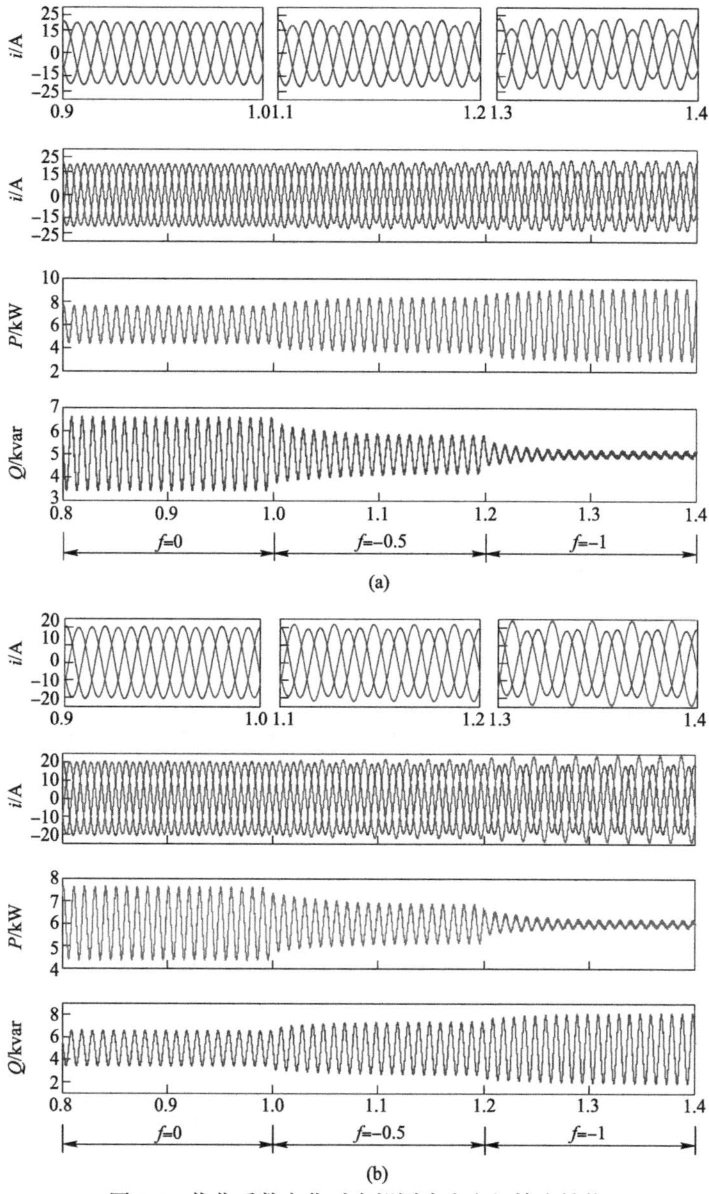

图 4-6　优化系数变化时虚拟同步发电机输出性能

(a) f 在 0→−0.5→−1 变化时，输出性能；

(b) f 在 0→0.5→1 变化时，输出性能

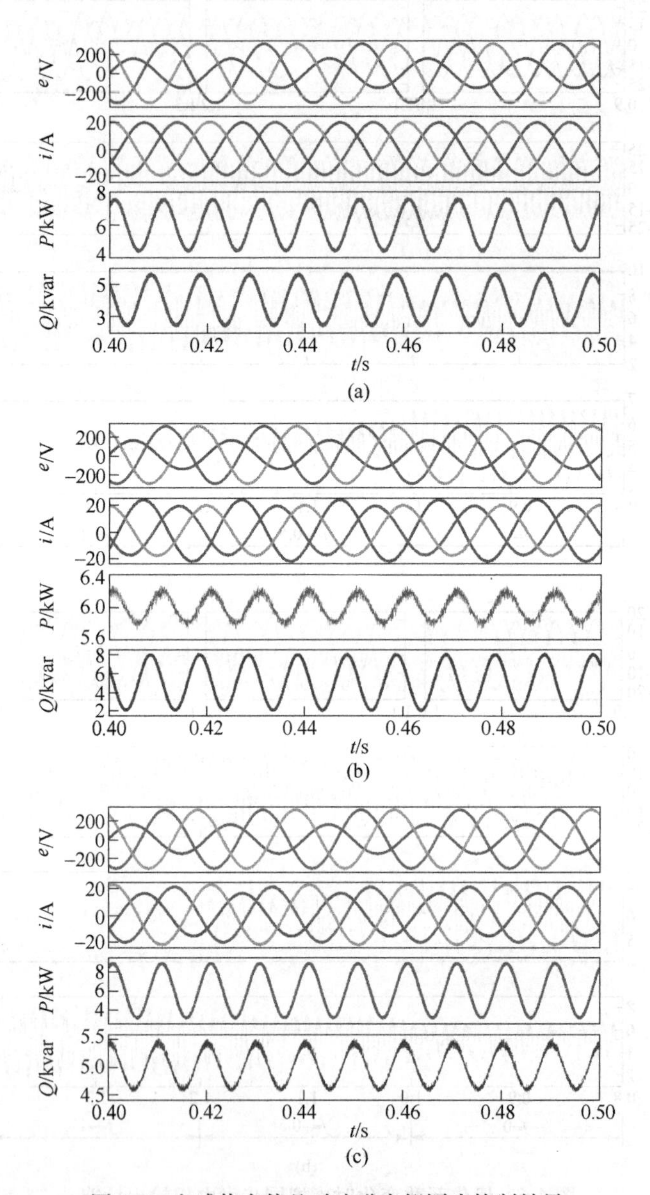

图 4-7　电感值有偏差时改进虚拟同步控制效果

（a）平衡电流虚拟同步控制；（b）抑制有功功率波动虚拟同步控制；
（c）抑制无功功率波动虚拟同步控制

控制、抑制有功功率波动虚拟同步控制及抑制无功功率波动虚拟同步控制的仿真结果。图 4-7（a）中 $f=0$，输出电流三相平衡，电流最大幅值20.5A，最小幅值为20A；图4-7（b）中 $f=1$，有功功率波动峰峰值为 0.6kW；图 4-7（c）中 $f=-1$，无功功率波动峰峰值为 0.5kvar，与图 4-5 中仿真结果基本一致，由此可见改进后的虚拟同步控制策略对电感参数变化具有鲁棒性。

图 4-8 所示为在采用抑制功率波动虚拟同步控制策略时，功率设定值阶跃变化的仿真结果。仿真总时间为 1.5s，在 0~0.4s 内，电网电压三相平衡，0.4~1.5s 电压三相不平衡，0.8s 时有功功率、无功功率设定值由原来的 4kW、3kvar 阶跃至 6kW、5kvar。从仿真结果可知，改进后的虚拟同步控制可以跟踪功率设定值阶跃变化，整个过程在 0.1s 内完成，改进后的虚拟同步控制策略可实现并网功率的无差控制。

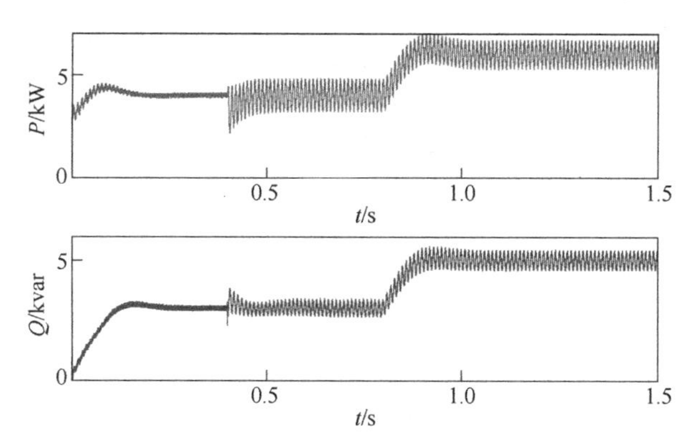

图 4-8 功率给定值阶跃变化时改进虚拟同步控制效果

4.3.2 实验结果

为验证改进虚拟同步控制策略的有效性，搭建了 6kV·A 虚拟同步发电机测试平台，直流侧采用稳压直流源，交流侧采用艾诺 AN-GS030T 可编程交流电源模拟电网不平衡，A 相电压降低为额定电压的 80%，不平衡度为 7%。实验主要参数见表 2-2，有功功率指令值为 3kW，无功功率指令值为 2kvar。利用示波器记录并存储电压、电流波形，利用 Matlab 指令根据存储的电压、电流输出绘制输出功率波形。

图 4-9 和图 4-10 所示为在电网电压不平衡时，改进后的虚拟同步发电机多目标优化实验结果。由图 4-9 可知，优化系数 f 在 0→0. 5→1 变化过程中，瞬时有功功率的 2 倍电网波动分量逐渐减小，瞬时无功功率 2 倍电网频率波动分量逐渐增大，同时虚拟同步发电机输出电流三相不平衡度逐渐变大。由图 4-10 可知，优化系数 f 在 0→ −0. 5→−1 变化过程中，瞬时无功功率的 2 倍电网波动分量逐渐减小，

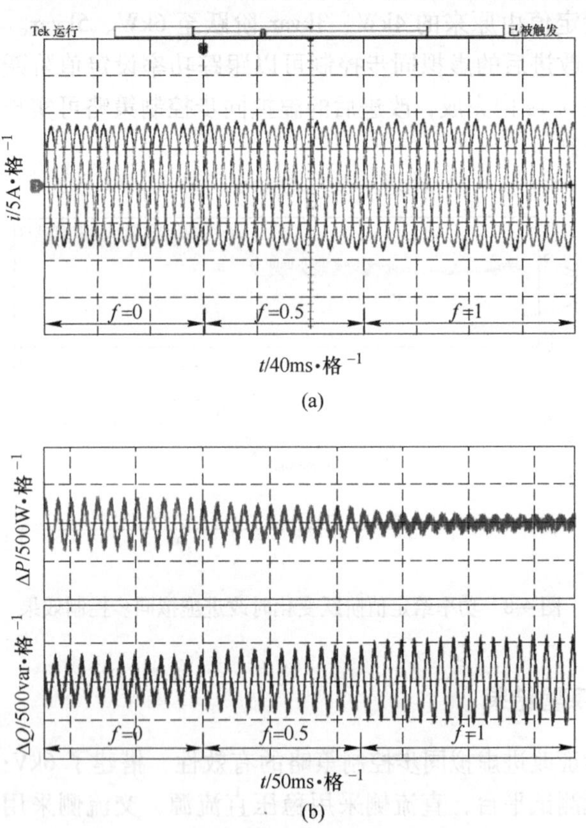

图 4-9　f 在 0→0. 5→1 变化过程改进虚拟同步发电机实验结果
（a）输出电流波形；（b）功率 2 倍电网频率波动分量

瞬时有功功率 2 倍电网频率波动分量逐渐增大，同时虚拟同步发电机输出电流三相不平衡度逐渐变大。实验结果与仿真结果基本保持一致。

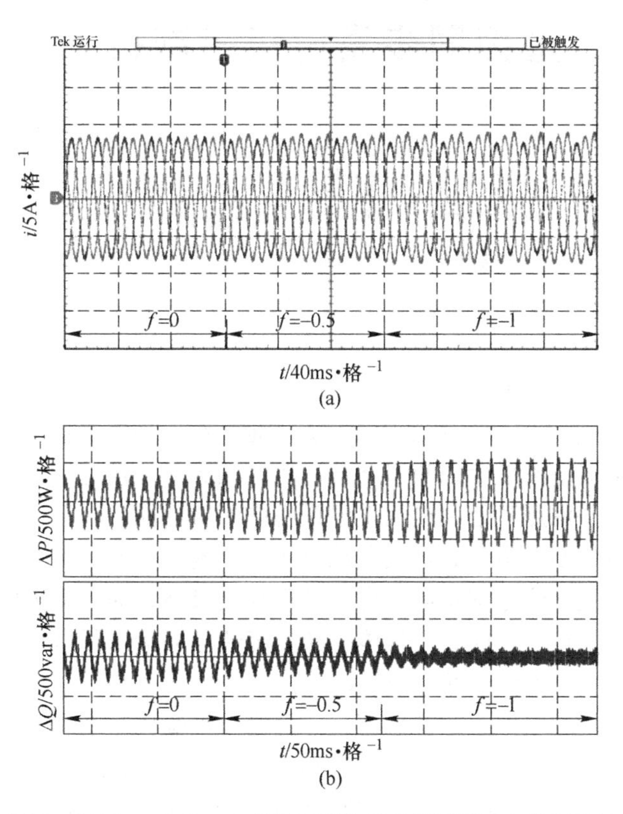

图 4-10 f 在 0→−0.5→−1 变化过程改进虚拟同步发电机实验结果

（a）输出电流波形；（b）功率 2 倍电网频率波动分量

5 离网模式下分布式虚拟同步发电机控制技术

本章就离网模式下，单台虚拟同步发电机带不平衡负载问题、并联虚拟同步发电机功率分配及环流抑制问题，以及并联虚拟同步发电机带不平衡负载时的功率分配及环流抑制问题展开研究，提出了在同步旋转坐标下结合虚拟复阻抗的改进虚拟同步电压分序控制策略。

在实际应用中，离网模式下分布式虚拟同步发电机并网点（PCC）电压不平衡，其主要原因是本地负载不平衡及输电线路阻抗不平衡造成。不平衡的PCC电压，除了增大本地配电网络损耗，同时还影响并网点其他用电及发电设备的输出性能。对于单台虚拟同步发电机带不平衡负载造成负载电压不平衡问题，提出了一种结合虚拟复阻抗的改进虚拟同步电压分序控制策略，提升虚拟同步发电机带不平衡负载的能力。具体在同步旋转坐标下采用虚拟同步机端电压分序控制方法，通过虚拟同步控制策略功率环及参考电压计算环节得到机端电压正序参考值，并将输出机端负序电压参考值设置为零，之后分别对正负序电压分别进行控制，并引入负序虚拟复阻抗对负序电流在连线阻抗上的压降进行补偿，实现负载电压三相平衡。

由于开关器件的非线性、变流器主电路参数的偏移、虚拟同步控制参数的差异以及离并网点距离的不同，造成虚拟同步发电机等效输出阻抗及连线阻抗的差异，使得并联虚拟同步发电机的功率分配及环流抑制变得极其复杂，研究离网模式下并联虚拟同步控制策略具有重要理论及现实意义。本章首先对离网模式下并联虚拟同步发电机功率特性及电流环流特性进行分析，在此基础上，提出了改进的并联虚拟同步控制策略。首先对虚拟同步控制无功功率环进行改进，引入负载电压负反馈及积分环节，消除传输阻抗对无功功率分配的影响，之后在同步旋转坐标下通过调整控制参数及引入虚拟复阻抗将传输阻抗设置为感性，降低有功功率及无功功率的耦合，并减小线路阻抗差异对的功率分配及电流环流影响。利用根轨迹法分析控制参数及虚拟复阻抗取值对虚拟同步发电机等效输出阻抗的影响，最终得到控制环参数及虚拟复阻抗设计原则。对于离网模式下并联虚拟同步发电机带不平衡公共负载，采用以上提出的分布式虚拟同步发电机带不平衡负载控制策略及分布式虚拟同步发电机并联控制技术，实现功率的有序分配及正负序电流环流抑制，提升并联虚拟同步发电机带不平衡负载能力。

5.1 虚拟同步发电机离网运行特性分析

分布式逆变电源在单机及并联运行时需要对关键负荷提供满足要求的电能，IEEE Std 1159—2009 及 GB/T 29319—2012 对电压和频率精度、电压总谐波、负载不均流度、不平衡负载时的电压输出精度做出了一些要求，见表 5-1。

表 5-1 分布式逆变电源单机及并联运行主要性能指标

<table>
<tr><th colspan="2">主要性能</th><th>性能要求</th></tr>
<tr><td colspan="2">功率因素</td><td>±(0.6~1.0)</td></tr>
<tr><td colspan="2">频率精度</td><td>±1%</td></tr>
<tr><td rowspan="2">输出电压 THD</td><td>线性</td><td><3%</td></tr>
<tr><td>非线性</td><td><5%</td></tr>
<tr><td rowspan="2">输出电压精度</td><td>平衡负荷</td><td>±1%</td></tr>
<tr><td>不平衡负荷</td><td>±2%</td></tr>
<tr><td colspan="2">负载不均流度</td><td>2%</td></tr>
</table>

分布式虚拟同步发电机单机及并联离网工作模式时，输出的有功功率及无功功率由负载决定，虚拟同步发电机的控制目标是输出

满足系统电能质量要求的电压，并在虚拟同步发电机并联时实现功率有序分配及电流环流控制。当虚拟同步发电机运行在离网模式时，虚拟同步发电机的功率环结构图如图 2-7 所示。

5.1.1 虚拟同步发电机带不平衡负载的运行特性分析

单台虚拟同步发电机带不平衡负载时，输出电流存在负序分量，负载电压三相不平衡，由第 4 章中的瞬时功率模型可知，此时输出的有功功率及无功功率存在 2 倍电网频率波动分量。传统虚拟同步控制策略，带不平衡负荷的能力差，导致负载电压不平衡，下面对单台虚拟同步发电机带不平衡负载运行特性进行分析。

任意一组不对称三相相量 F_{abc} 可以分解为正序分量 F_{abc}^{+}、负序分量 F_{abc}^{-}、零序分量 F_{abc}^{0}。根据对称分量法，有：

$$\begin{bmatrix} F_a \\ F_b \\ F_c \end{bmatrix} = \boldsymbol{T} \begin{bmatrix} F_a^{+} \\ F_a^{-} \\ F_a^{0} \end{bmatrix} = \begin{bmatrix} 1 & 1 & 1 \\ a^2 & a & 1 \\ a & a^2 & 1 \end{bmatrix} \begin{bmatrix} F_a^{+} \\ F_a^{-} \\ F_a^{0} \end{bmatrix} \tag{5-1}$$

其中，旋转因子 $a = \mathrm{e}^{\mathrm{j}2\pi/3}$，$a^2 = \mathrm{e}^{\mathrm{j}4\pi/3}$，下标“$a$，$b$，$c$”分别表示 a、b、c 三相；上标“+，-，0”分别表示正序、负序及零序。

$$\begin{bmatrix} F_a^{+} \\ F_a^{-} \\ F_a^{0} \end{bmatrix} = \boldsymbol{T}^{-1} \begin{bmatrix} F_a \\ F_b \\ F_c \end{bmatrix} = \frac{1}{3} \begin{bmatrix} 1 & a & a^2 \\ 1 & a^2 & a \\ 1 & 1 & 1 \end{bmatrix} \begin{bmatrix} F_a \\ F_b \\ F_c \end{bmatrix} \tag{5-2}$$

并存在如下关系：

$$\begin{gathered} F_a^{0} = F_b^{0} = F_c^{0} \\ F_b^{+} = a^2 F_a^{+}, \quad F_c^{+} = a F_a^{+} \\ F_b^{-} = a F_a^{-}, \quad F_c^{-} = a^2 F_a^{-} \end{gathered} \tag{5-3}$$

虚拟同步发电机主电路及运行结构图如图 2-9 所示，考虑负载阻抗的不对称则有：

$$\begin{bmatrix} u_{ca} \\ u_{cb} \\ u_{cc} \end{bmatrix} = \begin{bmatrix} Z_{Laa} & Z_{Lab} & Z_{Lac} \\ Z_{Lba} & Z_{Lbb} & Z_{Lbc} \\ Z_{Lca} & Z_{Lcb} & Z_{Lcc} \end{bmatrix} \begin{bmatrix} i_{2a} \\ i_{2b} \\ i_{2c} \end{bmatrix} \tag{5-4}$$

式中　u_{ca}、u_{cb}、u_{cc}——机端电压 a、b、c 三相电压；

Z_{Lij}——i 相与 j 相之间的等效负载阻抗，其包含负载阻抗 Z 及连线阻抗 L_2、R_2。

对式（5-4）进行正负序分解可得：

$$\begin{bmatrix} u_c^+ \\ u_c^- \\ u_c^0 \end{bmatrix} = \begin{bmatrix} Z_L^{++} & Z_L^{+-} & Z_L^{+0} \\ Z_L^{-+} & Z_L^{--} & Z_L^{-0} \\ Z_L^{0+} & Z_L^{0-} & Z_L^{00} \end{bmatrix} \begin{bmatrix} i_2^+ \\ i_2^- \\ i_2^0 \end{bmatrix} \tag{5-5}$$

式中　Z_L^{mn}——m 序与 n 序之间的耦合等效负载阻抗，m、$n \in \{+, -, 0\}$。

由于等效负载阻抗正、负、零序之间不存在耦合，所以式（5-5）可改写成：

$$\begin{bmatrix} u_c^+ \\ u_c^- \\ u_c^0 \end{bmatrix} = \begin{bmatrix} Z_L^{++} & 0 & 0 \\ 0 & Z_L^{--} & 0 \\ 0 & 0 & Z_L^{00} \end{bmatrix} \begin{bmatrix} i_2^+ \\ i_2^- \\ i_2^0 \end{bmatrix} \tag{5-6}$$

只考虑稳态过程，输出阻抗不存在正负序耦合情况，对虚拟同步发电机机端电压与桥臂中点电压关系式（2-13）进行正负序分解可得：

$$\begin{bmatrix} u^+ - u_c^+ \\ u^- - u_c^- \\ u^0 - u_c^0 \end{bmatrix} = \begin{bmatrix} Z_G^{++} & 0 & 0 \\ 0 & Z_G^{--} & 0 \\ 0 & 0 & Z_G^{00} \end{bmatrix} \begin{bmatrix} i_1^+ \\ i_1^- \\ i_1^0 \end{bmatrix} \tag{5-7}$$

式中 Z_G^{++}——虚拟同步发电机正序输出阻抗；

Z_G^{--}——虚拟同步发电机负序输出阻抗；

Z_G^{00}——虚拟同步发电机零序输出阻抗。

所以虚拟同步发电机输出正序电压及负序电压为：

$$\begin{cases} u_c^+ = u^+ - Z_G^{++} i_1^+ \\ u_c^- = u^- - Z_G^{--} i_1^- \end{cases} \tag{5-8}$$

式中 u^+，u^-——虚拟同步发电机桥臂中点电压正序分量及负序分量。

由于桥臂电压是根据虚拟同步控制策略功率环得到的电压幅值及相角合成得到，其负序分量为零，所以机端电压不平衡度为：

$$\varepsilon_u = \frac{|u_c^-|}{|u_c^+|} = \frac{|-Z_G^{--} i_1^-|}{|u^+ - Z_G^{++} i_1^+|} \tag{5-9}$$

由式（5-9）可知，虚拟同步电机机端电压的不平衡度与负序电流和负序输出阻抗有关，当虚拟同步发电机带不平衡负载时，负载不平衡度越大，机端电压不平衡度越高[105]。

要保证带不平衡负载运行的虚拟同步发电机机端电压三相平衡，有两种方法：控制负序电流 I_1^- 为零，负序电流由负载决定，在没有附加补偿设备时无法实现负序电流为零；在负序电流一定时，控制负序阻抗 Z_1^{--} 为零，或者直接控制机端负序电压分量为零，也可实现机端电压三相平衡。

当输电线路阻抗 L_2、R_2 可忽略不计时，虚拟同步发电机机端电压即是负载电压，控制机端电压三相平衡就可实现负载电压三相平衡。当输电线路阻抗较大，不能忽略时，即使机端电压三相平衡，但是由于负序电流在输出线路产生负序电压降，也会导致负载电压三相不平衡。

负序旋转坐标系的角速度为$-\omega$，ω 为同步角频率，故输电线路的负序阻抗 $Z_2^- = R_2 - j\omega L_2$。当虚拟同步发电机稳态运行时，负载负序电压与虚拟同步发电机机端电压的关系式为：

$$e_{dqn}^{-} = u_{cdqn}^{-} - i_{2dqn}^{-}(R_2 - j\omega L_2) \tag{5-10}$$

式中 e_{dqn}^{-}——负载电压负序分量；

u_{cdqn}^{-}——虚拟同步发电机机端电压负序分量；

i_{2dqn}^{-}——输出电流负序分量。

从公式（5-10）可知，如果机端电压负序分量中包含 $i_{2dqn}^{-}(R_2 - j\omega L_2)$，即可保证负载电压负序电压为零，实现负载电压三相平衡。

从以上分析可知，当虚拟同步发电机带不平衡负载时，负载电压三相不平衡补偿主要有两种方法：通过控制阻抗的方法，实现负序电压补偿。文献［127］引入虚拟复合阻抗来控制逆变器的基波正负序输出阻抗，实现负序电压的抑制；文献［129］提出了无功-负序导纳下垂的控制方法，通过控制负序导纳，控制负序电压；文献［130］提出虚拟负阻抗的控制方法，来补偿负序电流在逆变器输出阻抗上的电压降，从而降低电压负序分量。另一种方法为通过控制并网逆变电源输出负序电流，抵消线路阻抗上的负序电压分量，从而使得并网点电压三相平衡。文献［131］通过协调控制 DFIG 定子及网侧逆变器同时输出负序电流以消除 DFIG 定子侧负序电压。以上控制方法均是在传统控制策略下的负载电压不平衡优化控制方法，不能直接应用于虚拟同步发电机中，需要对虚拟同步发电控制策略进行改进，使得虚拟同步发电机在带不平衡负载时，负载电压三相平衡。

5.1.2 虚拟同步发电机并联运行特性分析

分布式能源需要通过电力电子变流器接入电网，由于变流器的控制方式、控制器参数、功率器件非线性、滤波器参数及输电线路等存在差异，使得虚拟同步发电机等效输出阻抗以及输电线路存在差异，影响虚拟同步发电机功率分配精度及虚拟同步发电机间电流环流，甚至引发过流故障。因此，并联虚拟同步发电机间的功率分配和环流抑制具有为重要的研究意义。

图 5-1 所示为虚拟同步发电机并联系统简化结构图，对于单台虚拟同步发电机，其通过 LC 滤波器得到输出机端电压，在经过输电

线路及并网开关 K 后连接到交流母线。

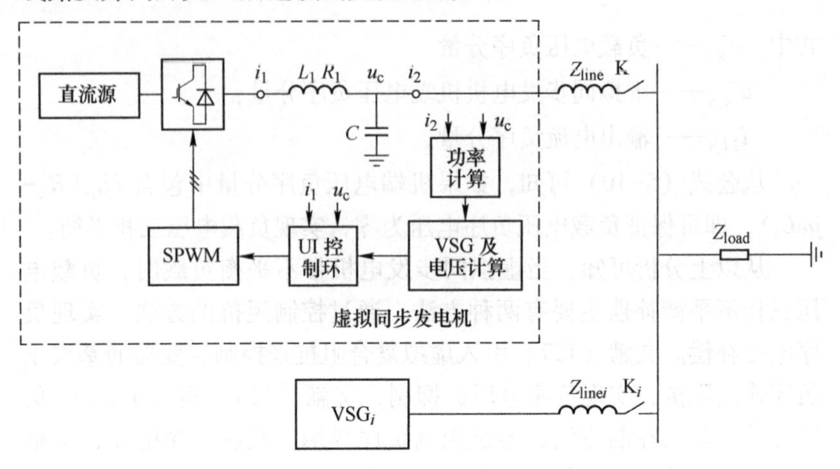

图 5-1　虚拟同步发电机并联结构

Z_{line}—输出电路阻抗；Z_{load}—公共负载；u_c—虚拟同步发电机输出电容电压，也即是机端电压；i_2—网侧输出电流；i_1—变流器侧电感电流；L_1—滤波电感感抗；R_1—滤波电感等效内阻与功率器件等效内阻之和

对应 2 台虚拟同步发电机的并联简易模型如图 5-2 所示，基于第 2 章所提控制策略的虚拟同步发电机可等效为包含内阻的受控电压源。

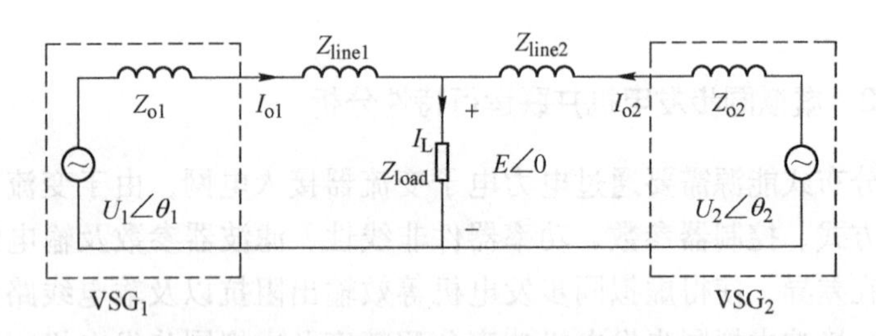

图 5-2　2 台虚拟同步发电机并联模型

U_1，U_2—虚拟同步发电机桥臂电压幅值；E—交流母线电压幅值；Z_o—虚拟同步发电机等效输出阻抗，$Z_o = R_o + jX_o$；Z_{line}—输电线路阻抗，$Z_{line} = R_{line} + jX_{line}$，传输阻抗 Z 等于等效输出阻抗与输电线路阻抗之和；θ—母线电压与桥臂中点电压的相角差；I_{o1}、I_{o2}、I_L—虚拟同步发电机输出电流及负载电流

5.1.2.1 虚拟同步发电机功率传输特性分析

虚拟同步发电机 $i(i=1,\ 2)$ 的输出有功功率和无功功率可表示为:

$$
\begin{aligned}
P_i &= \left(\frac{U_i E}{Z_i}\cos\theta_i - \frac{E^2}{Z_i}\right)\cos\varphi_i + \frac{U_i E}{Z_i}\sin\theta_i\sin\varphi_i \\
Q_i &= \left(\frac{U_i E}{Z_i}\cos\theta_i - \frac{E^2}{Z_i}\right)\sin\varphi_i - \frac{U_i E}{Z_i}\sin\theta_i\sin\varphi_i
\end{aligned}
\tag{5-11}
$$

由式 (5-11) 可得，输出有功功率及无功功率大小与电压幅值和相角差有关，并且受连线阻抗的影响。当传输阻抗为感性时，$Z_i=\mathrm{j}X_i$，$\varphi=90°$，稳态运行时 θ 很小，可以近似认为 $\sin\theta=\theta$，$\cos\theta=1$，此时式 (5-11) 可以近似改写为:

$$
\begin{aligned}
P_i &= \frac{U_i E}{X_i}\theta_i \\
Q_i &= \frac{E(U_i - E)}{X_i}
\end{aligned}
\tag{5-12}
$$

由以上分析可知，在传输阻抗呈感性且大小固定时，有功功率传输主要受到电压相角影响，无功功率传输则受到电压幅值影响[128]，有功功率及无功功率近似解耦。

当传输阻抗以阻性为主时，$Z_i=R_i$，$\varphi=0°$，此时式 (5-11) 可以近似改写为:

$$
\begin{aligned}
P_i &= \frac{E(U_i - E)}{R_i} \\
Q_i &= -\frac{U_i E}{R_i}\theta_i
\end{aligned}
\tag{5-13}
$$

由以上分析可得，在传输阻抗呈阻性且大小固定时，有功功率传输受电压幅值影响，无功功率传输主要受到电压相角影响，有功功率及无功功率近似解耦。

通过设置电压电流控制环参数，可以控制虚拟同步发电机等效输出阻抗，使得 $X_o \gg R_o$，不同电压等级的输电线路对应不同的阻抗比，在低压配电网中输电线路阻抗阻性远远大于感性，$R_{line} \gg X_{line}$；在中压配电网中，$R_{line} \approx X_{line}$，导致传输阻抗呈现阻感特性。为了实现有功功率及无功功率的解耦，通过虚拟阻抗技术将传输阻抗设置呈感性，此时功率传输方程近似为：

$$
\begin{aligned}
P_i &= \frac{U_i E}{X_{oi} + X_{linei}} \theta_i \\
Q_i &= \frac{E(U_i - E)}{X_{oi} + X_{linei}}
\end{aligned}
\tag{5-14}
$$

联立虚拟同步发电机有功方程式（2-9），无功方程式（2-12）及式（5-14）可得虚拟同步发电机有功功率闭环控制图，如图 5-3 所示，无功功率闭环控制图如图 5-4 所示。

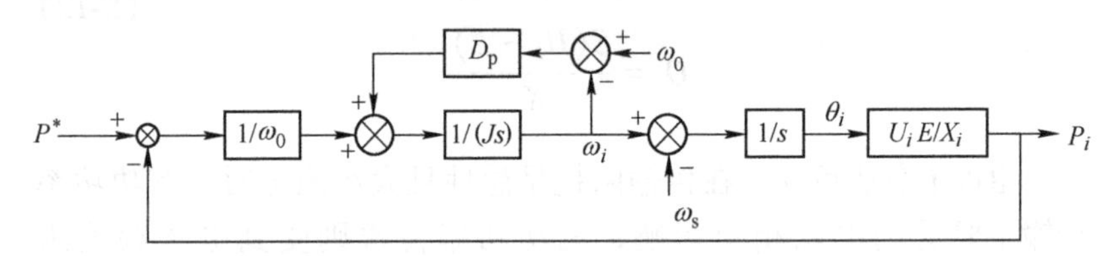

图 5-3　虚拟同步控制策略有功-频率闭环控制框

图 5-3 中 ω_s 为公共母线频率，由于虚拟同步控制策略有功环中存在积分环节，当虚拟同步发电机稳态运行时，积分环节输入为零，有：

$$
P_i = P^* + D_p(\omega_0 - \omega_i) \tag{5-15}
$$

由式（5-15）可知，在虚拟同步发电机传输阻抗呈感性时，虚拟同步发电机有功功率分配与有功功率指令值及有功-频率下垂系数有关，不受传输阻抗影响。对于 2 台额定容量相等的虚拟同步发电机，只需满足有功功率指令值及有功-频率下垂系数相等，即可实现有功功率均分。

同理可以得到虚拟同步控制策略无功-电压闭环控制框图，如图5-4所示，图中 E_{n} 为母线电压幅值额定值，可得虚拟同步发电机输出无功功率方程为：

$$Q_i = (E_{\mathrm{n}} - E + Q^* D_{\mathrm{q}}) \frac{E}{X_i} \Bigg/ \left(1 + \frac{E}{X_i} D_{\mathrm{q}}\right) \tag{5-16}$$

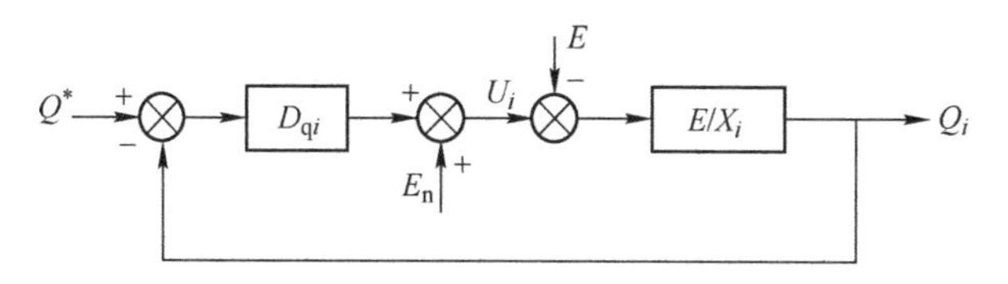

图5-4 虚拟同步控制策略无功-电压闭环控制框图

由式（5-16）可得，无功功率分配不仅受到下垂系数影响，而且还受无功功率设定值和传输阻抗影响。对2台额定容量相等的虚拟同步发电机，为实现功率精确分配，要求下垂系数、无功功率设定值及传输阻抗完全相等。在实际运行中，由于干扰、变流器功率器件非线性、参数偏移及连线阻抗的差异等问题是不可避免的，因此实现无功功率的有序分配的条件很苛刻。

由以上分析可知，离网并联运行的虚拟同步发电机，在传输阻抗呈感性，有功功率与无功功率解耦前提下，有功功率传输与传输阻抗无关，只与下垂系数及有功功率指令值有关，具有较强的鲁棒性。而无功功率的传输，不仅与下垂系数及无功指令值有关，而且还受到传输阻抗的影响，鲁棒性差。上述分析过程可以扩展到传输阻抗为阻性的情况。在传输阻抗为阻性的条件下，有功功率受下垂系数、有功功率指令值及传输阻抗影响，实现有功功率精确分配的条件比较苛刻；而无功功率分配只无功指令值及下垂系数影响，实现相对简单。

5.1.2.2 虚拟同步发电机环流特性分析

在基波域对并联虚拟同步发电机输出电流特性进行分析，由2

台虚拟同步发电机并联简图（图 5-2）可知：

$$\begin{cases} U_1\angle\theta_1 - Z_1 I_{o1} = E\angle 0 \\ U_2\angle\theta_2 - Z_2 I_{o2} = E\angle 0 \\ I_{o1} + I_{o2} = I_L = E\angle 0/Z_{load} \end{cases} \tag{5-17}$$

其中，传输阻抗等于等效输出阻抗与连线阻抗之和，$Z_i = Z_{oi} + Z_{linei}$。

如果此时 2 台虚拟同步发电机的等效输出阻抗与连线阻抗相等，则有：

$$\begin{cases} I_{o1} = \dfrac{U_1\angle\theta_1 - U_2\angle\theta_2}{2Z_1} + \dfrac{E}{2Z_{load}} \\ I_{o2} = \dfrac{U_2\angle\theta_2 - U_1\angle\theta_1}{2Z_1} + \dfrac{E}{2Z_{load}} \end{cases} \tag{5-18}$$

虚拟同步发电机等效输出阻抗呈感性，且线路阻抗远小于等效输出阻抗时，传输阻抗可以约等于等效输出阻抗，$Z_i \approx X_{oi}$，则有：

$$\begin{cases} I_{o1} = \dfrac{U_1\angle\theta_1 - U_2\angle\theta_2}{2jX_{o1}} + \dfrac{E}{2Z_{load}} = I_{H1} + I_{oL1} \\ I_{o2} = \dfrac{U_2\angle\theta_1 - U_1\angle\theta_2}{2jX_{o1}} + \dfrac{E}{2Z_{load}} = I_{H2} + I_{oL2} \end{cases} \tag{5-19}$$

通过式（5-19）可知，在 2 台虚拟同步发电机等效输出阻抗呈感性且相等，连线阻抗远小于等效输出阻抗的条件下，虚拟同步发电机的输出电流包含两个电流分量：负载电流分量 I_{oL} 及环流分量 I_H。其中负载电流是平均分配的，而环流分量由并联虚拟同步发电机输出电压幅值差、相位差及等效输出阻抗决定[127]。

定义 2 台虚拟同步发电机并联系统中逆变之间的基波电流环流为：

$$I_H = \frac{I_{o1} - I_{o2}}{2} = \frac{U_1\angle\theta_1 - U_2\angle\theta_2}{2jX_{o1}} \tag{5-20}$$

如果2台虚拟同步发电机虚拟电压幅值相等，仅相位存在差异，电压相位差造成输出有功环流，则有功环流从相位超前的流向相位滞后的虚拟同步发电机。如果虚拟同步发电机虚拟电压相位相等，仅存在幅值差，则电压幅值高的向电压幅值低的传输无功环流，电压幅值高的虚拟同步发电机输出阻抗呈感性，电压幅值低的虚拟同步发电机输出阻抗呈容性。如果2台虚拟同步发电机输出电压幅值和相位均不相等，则环流同时含有有功分量及无功分量[132]。

若并联虚拟同步发电机等效输出阻抗及连线阻抗呈阻性且相等，则输出电流可以表示为：

$$\begin{cases} I_{o1} = \dfrac{U_1\angle\theta_1 - U_2\angle\theta_2}{R_{o1} + R_{line1}} + \dfrac{E}{2Z_{load}} = I_{H1} + I_{oL1} \\ I_{o2} = \dfrac{U_2\angle\theta_1 - U_1\angle\theta_2}{R_{o1} + R_{line1}} + \dfrac{E}{2Z_{load}} = I_{H2} + I_{oL2} \end{cases} \tag{5-21}$$

由式（5-21）可知，虚拟同步发电机输出电流与电压幅值及相位、等效输出阻抗、连线阻抗及负载有关。如果等效输出阻抗远大于连线阻抗，则有环流为：

$$I_H = \frac{I_{o1} - I_{o2}}{2} = \frac{U_1\angle\theta_1 - U_2\angle\theta_2}{2R_{o1}} \tag{5-22}$$

如果2台虚拟同步发电机虚拟电压相位相等，仅存在幅值差，则此时产生有功环流，且有功环流大小与幅值差成正比，与等效输出阻抗成反比。如果电压幅值相等，仅存在相位差，则虚拟同步发电机之间产生无功环流，由于虚拟同步发电机等效阻抗 R_o 较小，因此很小的相位差都会产生较大的无功环流分量。如果虚拟同步发电机输出电压同时存在幅值和相角差，则有功环流和无功环流同时存在。

从以上环流特性分析可知，控制虚拟同步发电机间的环流需要控制并联虚拟同步发电机输出电压完全一致，并保证2台虚拟同步发电机等效输出阻抗及连线阻抗相等，即可实现环流抑制，也可以通过增大等效输出阻抗来抑制环流。

5.2 分布式虚拟同步发电机带不平衡负载控制策略

在第2章中对并网模式的虚拟同步控制策略进行了详细描述。传统虚拟同步控制策略是使功率环输出电压幅值和相角合成变流器桥臂中点电压，通过控制电压幅值和相角实现并网功率的控制；并通过在有功频率控制中增加惯性和阻尼控制环节，使得分布式逆变电源工作在弱电网系统时，具有一定的电网支撑能力。虚拟同步发电机离网运行模式下，没有大电网提供电压及频率支撑，需要虚拟同步发电机输出满足要求的电压幅值和频率，此时通过机端电压控制环，使得虚拟同步发电机输出机端电压满足要求。

由于负载三相不平衡，导致输出电流三相不平衡，瞬时功率也将出现2倍电网频率波动，瞬时功率的2倍电网频率波动会通过功率环反映到参考电压幅值和相角上，因此，代入虚拟同步控制策略功率环中的功率需要滤除波动分量，以获取恒定的正序参考电压幅值 U 及相位角 θ。虚拟同步控制策略功率环结构如图5-5所示。

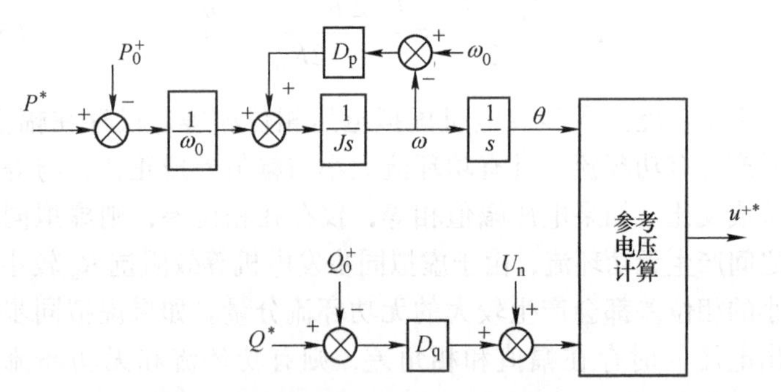

图5-5 离网虚拟同步发电机功率控制环结构

P^*，Q^*—有功功率及无功功率指令值；

P_0^+，Q_0^+—输出瞬时有功功率及无功功率正序平均值；

U_n—机端正序额定电压幅值；D_p—正序有功-频率下垂系数；

D_q—正序无功-电压下垂系数；u^{+*}—机端正序电压参考值

在有功功率控制中，D_p 同时具有阻尼和的频率下垂功能。D_p、D_q 下垂系数的大小由虚拟同步发电机容量及相关电网标准共同决定。改进后的虚拟同步控制策略功率环不改变虚拟同步发电机机理及特性，当系统出现功率不平衡时，能够利用虚拟惯量及阻尼抑制自身频率和输出功率的波动，并对系统振荡有一定抑制作用，提高系统稳定性。

按照 2.2.3 节的方法，由虚拟同步控制策略功率环及参考电压计算环节得到机端电压在同步旋转坐标下的指令值 u_{cdqp}^{+*}，送入电压电流控制环后得到正序调制电压。在负序电压控制中，设置负序电压参考值为零，通过控制机端电压负序分量为零，可以实现机端电压的三相平衡。在输电线路阻抗较小时，负序电流流经连线阻抗不会产生较大的负序电压降，负载电压三相不平衡度较小；但在大连线阻抗情况下，负序电流将产生较大的连线电压降，从而导致负载电压三相不平衡。对机端电压与负载电压关系式（5-10）进行 dq 坐标分解可得：

$$\begin{cases} e_{dn}^{-} = u_{cdn}^{-} - i_{2dn}^{-}R_2 + i_{2qn}^{-}\omega L_2 \\ e_{qn}^{-} = u_{cqn}^{-} - i_{2qn}^{-}R_2 - i_{2dn}^{-}\omega L_2 \end{cases} \tag{5-23}$$

通过虚拟复阻抗补偿连线阻抗引起负序电压降，可实现负载电压的三相不平衡。虚拟阻抗引入的负序电压补偿为：

$$\begin{bmatrix} u_{vcdn}^{-} \\ u_{vcqn}^{-} \end{bmatrix} = \begin{bmatrix} R_2 & -\omega L_2 \\ R_2 & \omega L_2 \end{bmatrix} \begin{bmatrix} i_{2dn}^{-} \\ i_{2qn}^{-} \end{bmatrix} \tag{5-24}$$

式中 u_{vcdn}^{-}，u_{vcqn}^{-}——同步旋转坐标下虚拟阻抗引入的负序电压补偿值。

引入虚拟阻抗后的负序电压电流控制结构图如图 5-6 所示。

带不平衡负载时的改进虚拟同步电压分序控制结构如图 5-7 所示。

三相电压及电流通过 ROGI 变换得到 $\alpha\beta$ 坐标下正负序分量，在

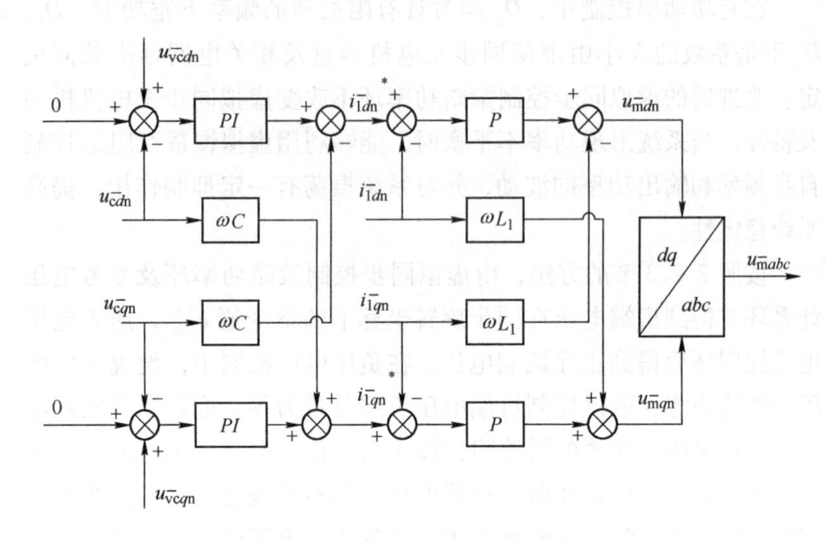

图 5-6 负序电压电流环结构

通过 $\alpha\beta/dq$ 坐标变换得到对应的 dq 坐标下正负序分量。将正序瞬时平均功率代入功率控制环，得到桥臂电压参考值 u^{+*}，经过参考电压计算环节及坐标变换得到 dq 坐标下的正序机端电压参考值 u_{cdqp}^{+*}、u_{cdqp}^{+*}。为了实现虚拟同步发电机带不平衡负载时负载电压平衡，令 dq 坐标下的机端负序电压参考值 u_{cdqp}^{-*} 等于零，引入负序虚拟阻抗后，再经过正负序电压电流环，得到 dq 坐标下正负序电压，经过 dq/abc 坐标变换后进行叠加，送入 SPWM 调制模块得到控制信号，控制功率器件通断，提升虚拟同步发电机带不平衡负载能力，实现负载电压三相平衡[105,133]。

带不平衡负载时的改进虚拟同步电压分序控制不改变虚拟同步发电机机理及运行特性，在负载功率突变时，能够利用虚拟惯量及阻尼抑制自身频率和输出功率的波动，并对系统振荡有一定抑制作用，提高系统稳定性，对于虚拟同步发电机带不平衡负载时，通过上述改进虚拟同步控制策略，可以实现负载电压三相平衡，提高分布式虚拟同步发电机对不平衡负载的适应能力。

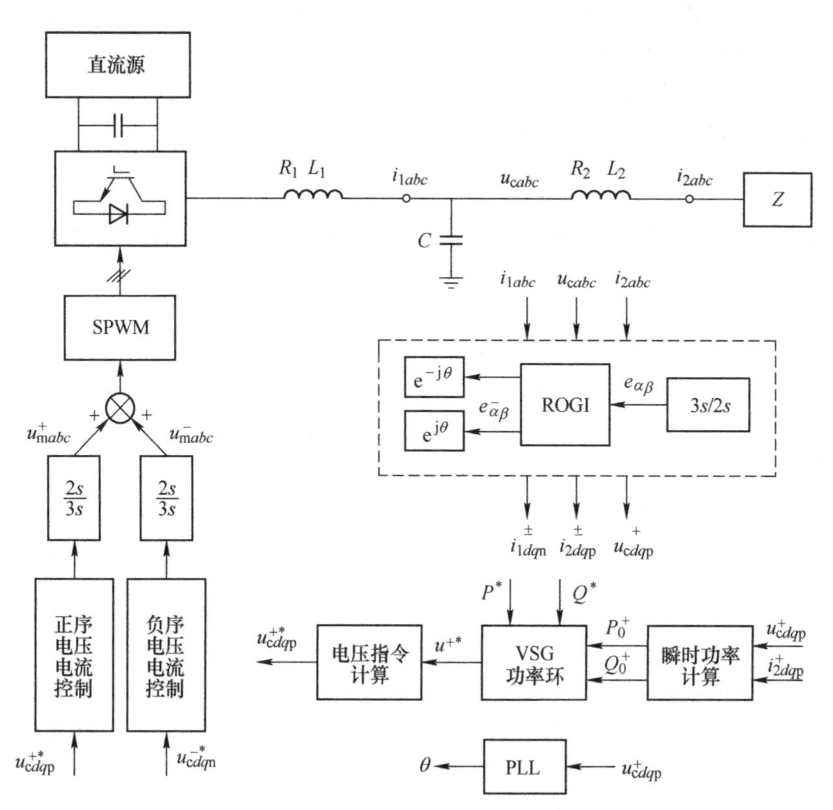

图 5-7 虚拟同步电压分序控制结构

L_1—输出滤波电感；R_1—滤波电感内阻与功率器件内阻之和；

C—滤波电容；L_2，R_2—输电线路阻抗；i_{1abc}—变流器侧电感电流；

i_{2abc}—负载电流；u_{cabc}—滤波电容电压，即机端电压

5.3 并联分布式虚拟同步发电机控制策略

在并联分布式虚拟同步发电机离网运行模式下，传统虚拟同步控制策略存在一些问题：

（1）虚拟同步发电机无功功率分配受到输出阻抗影响；

（2）由于中低压配电网输电线路阻抗特性，导致有功功率及无功功率耦合；

（3）由于输出电压差异、虚拟同步发电机等效输出阻抗及连线阻抗差异引起的电流环流问题；

（4）并联虚拟同步发电机带不平衡公共负载，负载电压的三相不平衡问题，功率分配问题，正负序电流环流抑制问题。

本节就以上几个问题展开研究。

5.3.1　并联分布式虚拟同步发电机功率分配及环流抑制控制策略

从5.1.2节的分析可知，在虚拟同步发电机传输阻抗呈感性时，有功功率及无功功率的传输解耦，由于有功传输过程中积分环节的存在，虚拟同步发电机的有功功率分配与有功功率指令值及频率有功下垂系数有关，而不受传输阻抗影响。对于2台额定容量相等的虚拟同步发电机，在有功功率指令值设定相同时，只需满足频率有功下垂系数相等，即可实现有功功率均分。无功功率分配不仅受到下垂系数影响，而且还受无功功率指令值和传输阻抗影响。同时由于负载波动以及无功环的下垂特性，导致负载电压波动，需引入负载电压负反馈环节 $K_e(E^*-E)$（其中，K_e 为反馈系数，E^* 为负载电压额定值，E 负载电压实际值），抑制负载电压波动，使得输出电压稳定在一定范围内。通过在无功功率环中引入积分环节，实现无功功率分配与传输阻抗的解耦。

改进后的无功功率-电压控制结构如图5-8所示，当稳态运行时，积分环节输入为零，则有：

$$D_{qi}(Q^* - Q_i) = K_e(E^* - E) \tag{5-25}$$

由式（5-25）可知，在传输阻抗呈感性时，增加负载电压负反馈及积分环节后，输出电压稳定在一定范围内，无功功率分配与下垂系数、无功功率指令值及电压反馈系数有关，与传输阻抗无关，只需保证电压反馈系数相等，无功功率指令值及下垂系数按照额定容量进行反比例设置，就能实现无功功率的有序分配，在2台额定容量相等虚拟同步发电机并联时，将下垂系数及功率给定值设置相等，即可实现有功功率均分[134,135]。

从5.1.2节分析可知，将虚拟同步发电机传输阻抗设计成感性

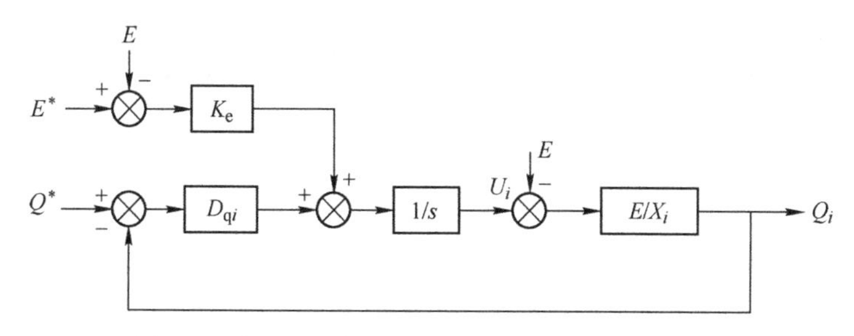

图 5-8 改进后的虚拟同步无功功率-电压控制框图

或者阻性，可以降低虚拟同步发电机有功功率及无功功率传输过程中的耦合，是有功功率及无功功率独立控制的前提，同时增大虚拟同步发电机等效输出阻抗，可减小由于等效输出阻抗及连线阻抗差异造成的电流环流。为改变虚拟同步发电机传输阻抗特性，以网侧输出电流为反馈，引入含有阻性及感性分量的虚拟复阻抗，通过负的阻性虚拟阻抗减小阻性传输阻抗，降低功率耦合。通过引入正的感性虚拟阻抗增大传输阻抗，减小由于等效输出阻抗及连线阻抗差异造成的电流环流。引入虚拟复阻抗后的电压补偿为：

$$\begin{cases} u_{\mathrm{vdp}} = R_{\mathrm{vdp}} i_{2dp} - \omega L_{\mathrm{vdp}} i_{2qp} \\ u_{\mathrm{vqp}} = R_{\mathrm{vqp}} i_{2qp} + \omega L_{\mathrm{vqp}} i_{2dp} \end{cases} \tag{5-26}$$

式中 R_{vdp}，R_{vqp}——dq 旋转坐标下的虚拟阻抗，为降低输出阻抗中的阻性分量，虚拟阻抗 R_{v} 取负值；

L_{vdp}，L_{vqp}——dq 坐标下的虚拟感抗。

引入虚拟复阻抗后的电压电流控制环结构如图 5-9 所示[127]。其中机端电压环采用基于旋转坐标系的 PI 控制器，实现机端电压的无静差跟踪，从而尽可能抑制环流；电流内环采用变流器侧电感电流比例调节，用来抑制电流波动和提高并联系统的动态性能。

引入虚拟复阻抗的电压电流控制环结构图如图 5-10 所示。

根据图 5-10 建立输出电压数学模型，在未引入虚拟阻抗时其数学模式为：

$$CsU(s) = \frac{\{[(U^*(s) - U(s))(k_{up} + k_{ui}/s) - (I_2(s) + U(s)Cs)]k_{ip}k_{pwm} - U(s)\}}{L_1 s + R_1} - I_2(s) \tag{5-27}$$

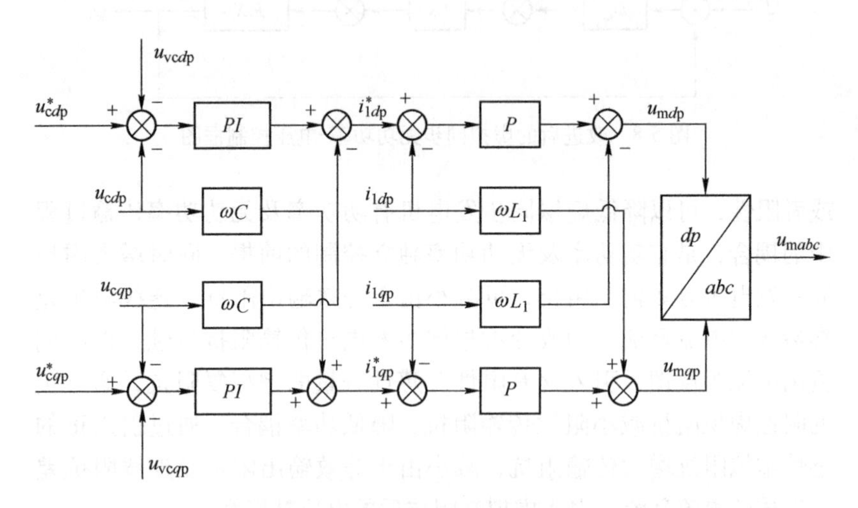

图 5-9　正序电压电流环结构

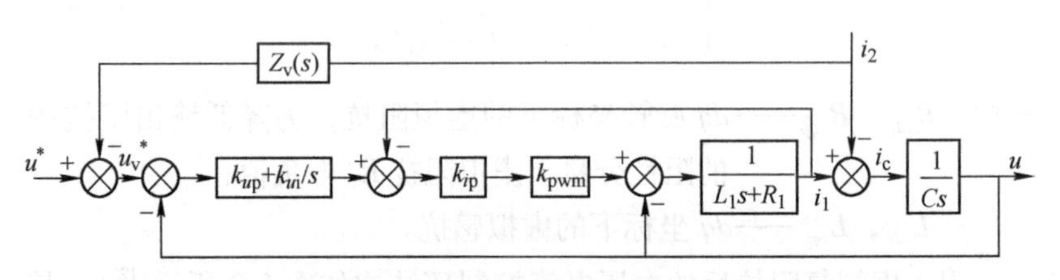

图 5-10　引入虚拟复阻抗的电压电流环结构

k_{up}，k_{ui}—电压环 *PI* 控制器比例及积分系数；k_{ip}—电流内环比例系数；
k_{pwm}—变流器增益；$Z_v(s)$—虚拟复阻抗，$Z_v(s) = R_v + L_v s$；u^*—电压环指令电压值；
u^*_v—引入虚拟阻抗后的电压环指令值；u—输出电压；
i_1—变流器侧电感电流；i_2—网侧输出电流

通过变换可得：

$$U(s) = \frac{k_{ip}k_{\mathrm{pwm}}(k_{up}s + k_{ui})}{L_1Cs^3 + (k_{ip}k_{\mathrm{pwm}} + R_1)Cs^2 + (k_{ip}k_{\mathrm{pwm}}k_{up} + 1)s + k_{ip}k_{\mathrm{pwm}}k_{ui}}U^*(s) - \frac{L_1s^2 + (k_{ip}k_{\mathrm{pwm}} + R_1)s}{L_1Cs^3 + (k_{ip}k_{\mathrm{pwm}} + R_1)Cs^2 + (k_{ip}k_{\mathrm{pwm}}k_{up} + 1)s + k_{ip}k_{\mathrm{pwm}}k_{ui}}I_2(s) \tag{5-28}$$

可等效为：

$$U(s) = G(s)U^*(s) - Z_{\mathrm{o}}(s)I_2 \tag{5-29}$$

式中 $G(s)$——等效闭环电压增益；

$Z_{\mathrm{o}}(s)$——等效输出阻抗。

其中，

$$G(s) = \frac{k_{ip}k_{\mathrm{pwm}}(k_{up}s + k_{ui})}{L_1Cs^3 + (k_{ip}k_{\mathrm{pwm}} + R_1)Cs^2 + (k_{ip}k_{\mathrm{pwm}}k_{up} + 1)s + k_{ip}k_{\mathrm{pwm}}k_{ui}} \tag{5-30}$$

$$Z_{\mathrm{o}}(s) = \frac{L_1s^2 + (k_{ip}k_{\mathrm{pwm}} + R_1)s}{L_1Cs^3 + (k_{ip}k_{\mathrm{pwm}} + R_1)Cs^2 + (k_{ip}k_{\mathrm{pwm}}k_{up} + 1)s + k_{ip}k_{\mathrm{pwm}}k_{ui}} \tag{5-31}$$

加入虚拟阻抗之后，则有：

$$U_{\mathrm{v}}^*(s) = U^*(s) - Z_{\mathrm{v}}(s)I_2(s) \tag{5-32}$$

将式（5-32）代入式（5-29）可得：

$$\begin{aligned} U(s) &= G(s)[U^* - Z_{\mathrm{v}}(s)I_2] - Z_{\mathrm{o}}(s)I_2 \\ &= G(s)U^* - [G(s)Z_{\mathrm{v}}(s) + Z_{\mathrm{o}}(s)]I_2 \end{aligned} \tag{5-33}$$

式中 $G(s)Z_{\mathrm{v}}(s)+Z_{\mathrm{o}}(s)$——加入虚拟复阻抗之后的等效输出阻抗 $Z'_{\mathrm{o}}(s)$。

$$Z'_o(s) = G(s)Z_v(s) + Z_o(s)$$
$$= \frac{k_{ip}k_{pwm}(k_{up}s + k_{ui})(L_v s + R_v) + L_1 s^2 + (k_{ip}k_{pwm} + R_1)s}{L_1 C s^3 + (k_{ip}k_{pwm} + R_1)Cs^2 + (k_{ip}k_{pwm}k_{up} + 1)s + k_{ip}k_{pwm}k_{ui}} \tag{5-34}$$

根据式（5-31）以及表5-2中参数，绘制未加入虚拟阻抗的等效输出阻抗伯德图。图5-11所示为k_{ui}分别为0、100、500、1000时的等效输出阻抗伯德图，从图中可以看出，$k_{ui}=0$时，低频段等效输出阻抗呈阻性，在基波频率处为复阻抗特性；当$k_{ui}=500$时，等效输出阻抗在基频处呈感性，k_{ui}越大输出阻抗呈感性的频带越宽。在引入虚拟感抗L_v后，等效输出阻抗在低频段及基频处呈感性，基波输出阻抗近似等于虚拟感抗L_v，弱化了滤波电感参数变化对输出阻抗的影响。所以可以通过引入虚拟复阻抗对基波频率处的等效输出阻抗进行设计，实现并联虚拟同步发电机阻抗的匹配，达到提高功率分配精度及电流环流抑制的目的[136]。

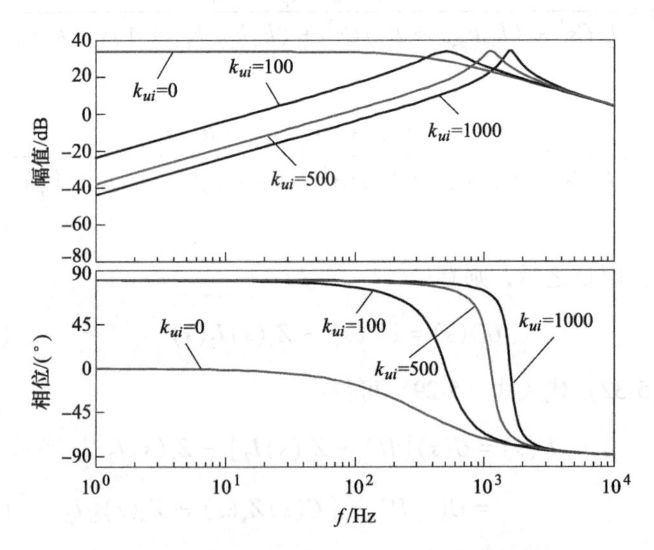

图5-11　k_{ui}变化时无虚拟阻抗等效输出阻抗伯德图

表 5-2 虚拟同步发电机参数

参数	取值	参数	取值
额定电压 U/V	220	电压环 k_{up}	0.3
滤波电感 L_1/mH	5	电压环 k_{ui}	600
等效电阻 R_1/Ω	0.1	电流环 k_{ip}	2
滤波电容 C/μf	10	等效增益 k_{pwm}	250
线路阻抗 Z_{line}/Ω	0.5+0.06j	虚拟电阻 R_v/Ω	−0.4
虚拟电感 L_v/ mH	1		

图 5-12 所示为 L_v 分别取 0.1 mH、0.5mH、1mH、5mH，等效输出阻抗的伯德图，随着 L_v 增大，基波频率处等效输出阻抗变大，有利于功率均分及环流抑制，但是其幅值对频率变化极其敏感，高频段过大的等效输出阻抗不利于系统高次谐波抑制以及高次谐波电流环流的抑制，所以虚拟感抗不应取值过大[136]。

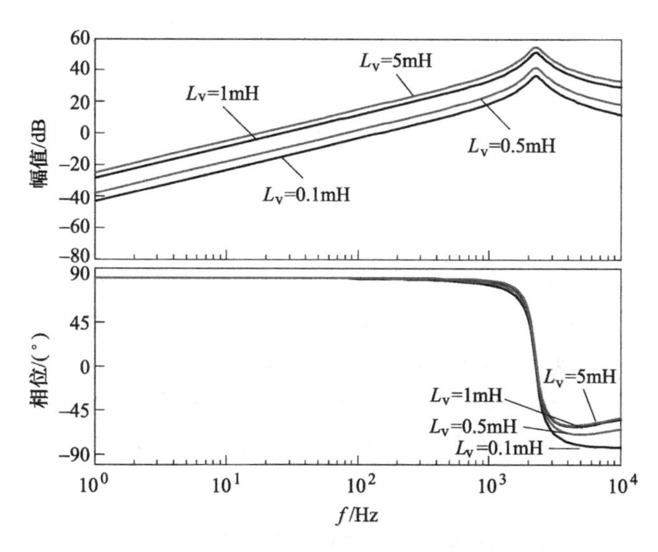

图 5-12 不同虚拟感抗下的等效输出阻抗伯德图

在选择虚拟负阻抗 R_v 时，需要综合考虑引入 R_v 后的功率解耦以及系统稳定性要求，在引入虚拟阻抗之后基频处虚拟同步发电机等效输出阻抗近似等于虚拟阻抗，所以基频传输阻抗为：

$$Z(s)=Z_v(s)+Z_{line}(s)=(R_{line}+R_v)+s(L_{line}+L_v) \quad (5\text{-}35)$$

考虑功率解耦要求，只需 $R_v=-R_{line}$。

传输阻抗的阻性成分对非基频扰动具有阻尼作用，除了考虑功率解耦，在虚拟阻抗设置时，还需考虑系统非基频处的稳定性问题，引入虚拟阻抗后虚拟同步发电机等效输出阻抗可以表示为：

$$Z(s)=Z_o'(s)+Z_{line}(s)=G(s)Z_v(s)+Z_o(s)+Z_{line}(s) \quad (5\text{-}36)$$

输出谐波电流 $i_d(s)$ 与电压扰动 $u_d(s)$ 的关系可以表示为：

$$\frac{i_d(s)}{u_d(s)}=\frac{1}{Z(s)}=Y(s) \quad (5\text{-}37)$$

因此可以通过判断特征方程特征根的分布对系统进行稳定性分析。联立式（5-34）、式（5-36）、式（5-37）可得：

$$Y(s)=\frac{T(s)}{(L_{line}s+R_{line})T(s)+k_{ip}k_{pwm}(k_{up}s+k_{ui})(L_vs+R_v)+L_1s^2+(k_{ip}k_{pwm}+R_1)s} \quad (5\text{-}38)$$

其中　$T(s)=L_1Cs^3+(k_{ip}k_{pwm}+R_1)Cs^2+(k_{ip}k_{pwm}k_{up}+1)s+k_{ip}k_{pwm}k_{ui}$

当 $R_{line}=0.5\Omega$，$L_{line}=0.4\text{mH}$ 时，根据表 5-2 中参数，绘制 R_v 变化时 $Y(s)$ 的根轨迹如图 5-13 所示。由图可知，极点 S_1 决定 $Y(s)$ 稳定性，随着 R_v 增大 S_1 向复平面右侧移动，在 $R_v=-0.5\Omega$ 时，到达原点。所以在 $|R_v|$ 取值时不应过大，应与 R_{line} 保持一定差，从而保证 S_1 离虚轴有一定距离，系统具有一定的稳定裕度[136]。

5.3.2　并联分布式虚拟同步发电机带不平衡负载控制策略

结合以上两种方法对并联分布式虚拟同步发电机带不平衡负载

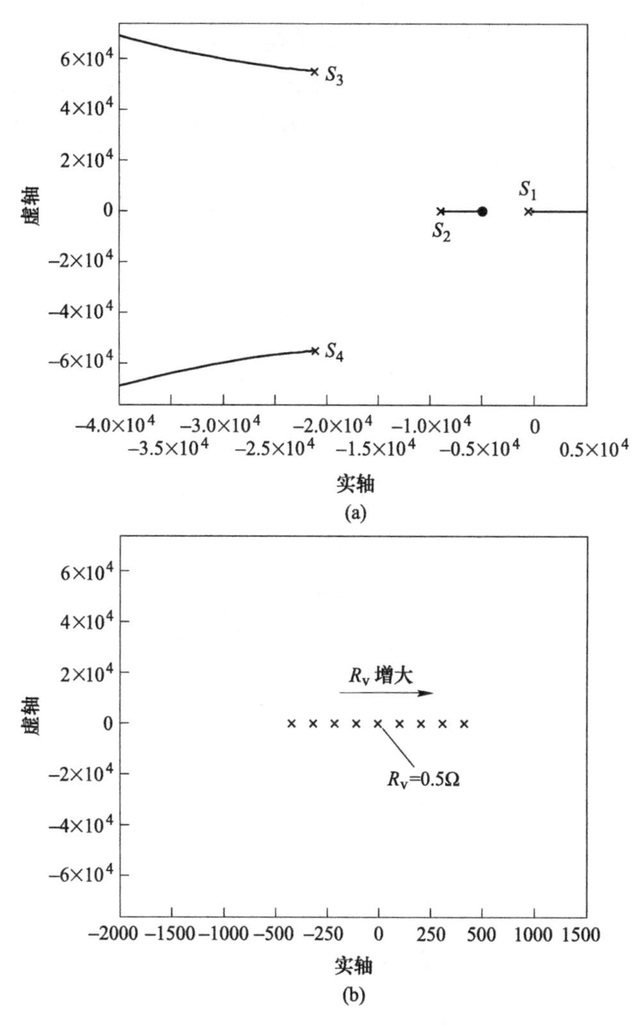

图 5-13 R_v 增大时 $Y(s)$的根轨迹

(a) R_v 增大时根轨迹；(b) $0.4<R_v<0.6$

进行机端电压分序控制，负序机端电压控制采用 5.2 节提出的负序电压抑制控制策略，实现并联虚拟同步发电机带不平衡负载时负载电压三相平衡及负序电流的环流抑制；正序电压控制采用 5.3.1 节中提出的并联控制技术，实现功率有序分配及正序电流环流抑制。

在分布式虚拟同步发电机带不平衡负载时，改进虚拟同步控制策略采用电压分序控制及虚拟复阻抗技术，实现负载电压三相平衡。在并联虚拟同步发电机带不平衡负载时，对并联分布式虚拟同步发电机负序输出电流进行分析。

由图5-4可得，并联分布式虚拟同步发电机负序电流特性方程为：

$$\begin{cases} U_1^- \angle\theta_1 - (Z_{o1}^- + Z_{line1}^-)I_{o1}^- = E^- \angle 0° \\ U_2^- \angle\theta_2 - (Z_{o2}^- + Z_{line2}^-)I_{o2}^- = E^- \angle 0° \\ I_{o1}^- + I_{o2}^- = I_L^- = E^- \angle 0°/Z_{load}^- \end{cases} \tag{5-39}$$

式中，上标“-”表示负序分量，在2台并联虚拟同步发电机负序等效输出阻抗及连线阻抗相等，则有：

$$\begin{cases} I_{o1}^- = \dfrac{U_1^- \angle\theta_1 - U_2^- \angle\theta_2}{2(Z_{o1}^- + Z_{line1}^-)} + \dfrac{E^-}{2Z_{load}^-} \\ I_{o2}^- = \dfrac{U_2^- \angle\theta_2 - U_1^- \angle\theta_1}{2(Z_{o1}^- + Z_{line1}^-)} + \dfrac{E^-}{2Z_{load}^-} \end{cases} \tag{5-40}$$

当虚拟同步发电机负序等效输出阻抗呈感性，且等效输出阻抗远大于线路阻抗，则有：

$$\begin{cases} I_{o1}^- = \dfrac{U_1^- \angle\theta_1 - U_2^- \angle\theta_2}{2jX_{o1}^-} + \dfrac{E^-}{2Z_{load}^-} = I_{H1}^- + I_{oL1}^- \\ I_{o2}^- = \dfrac{U_2^- \angle\theta_2 - U_1^- \angle\theta_1}{2jX_{o1}^-} + \dfrac{E^-}{2Z_{load}^-} = I_{H2}^- + I_{oL2}^- \end{cases} \tag{5-41}$$

通过式（5-41）可知，在2台虚拟同步发电机负序等效输出阻抗相等并呈感性，且等效输出阻抗远大于线路阻抗的条件下，负序输出电流包含两个分量：负序负载电流分量 I_{oLn}^- 及负序环流分量 I_{Hi}^-，其中 $i=1$，2。负序负载电流平均分配，而负序环流分量由虚拟同步发电机输出电压差、相位差及负序输出阻抗决定。

定义 2 台并联虚拟同步发电机之间的负序环流为：

$$I_{H}^{-}=\frac{I_{o1}^{-}-I_{o2}^{-}}{2}=\frac{U_{1}^{-}\angle\theta_{1}-U_{2}^{-}\angle\theta_{2}}{2jX_{o1}^{-}} \tag{5-42}$$

从以上负序环流特性分析可知，控制虚拟同步发电机间的负序环流需要控制输出负序电压完全一致，同时适当增大负序等效输出阻抗也有利于环流抑制。根据 5. 2 节对单台分布式虚拟同步发电机带不平衡负载的控制策略研究可知，通过结合虚拟复阻抗的机端电压负序控制可实现负载电压的三相平衡。由于负载电压负序分量控制为零，负序电流环流得到很好抑制。

对并联分布式虚拟同步发电机带不平衡负载时的功率分配及正序电流环流抑制问题采用 5. 3. 1 节中提出的方法，在无功功率环中引入负载电压负反馈及积分环节，实现无功功率分配与传输阻抗的解耦；之后利用改进后的虚拟同步控制功率环及参考电压计算环节得到的电压矢量作为正序电压指令值，结合正序虚拟复阻抗，实现对虚拟同步发电机机端正序电压的控制。改进后的控制策略降低了功率耦合并减小了线路阻抗差异对的功率分配及环流影响，实现功率有序分配及正序电流环流抑制。

5.4 仿真与实验

5.4.1 仿真结果

为验证单台虚拟同步发电机带不平衡负载控制策略的有效性，使用 Matlab/Simulink 环境搭建一台 15kV·A 的虚拟同步发电机模型，进行仿真验证，主要参数见表 2-1 及表 5-3。

图 5-14、图 5-15 所示分别给出了传统虚拟同步控制策略和本章所提改进虚拟同步控制策略带不平衡负载的仿真结果。系统整个仿真时间为 2. 5s，有功负载 3kW，无功负载 2kW，在 1. 5s 时在 A 相与 C 相间投入跨接 30Ω 电阻，模拟不平衡负载切入，在 2. 1s 时切除跨接电阻。由图可知，传统虚拟同步控制带不平衡负载时，电压不平

表 5-3 系统仿真参数

参数	取值	参数	取值
连线阻抗 Z_{line}/Ω	0.13+0.15j	无功负载 Q_0/kvar	2
有功功率指令值 P^*/kW	9	A 相与 C 相间跨接电阻 R_L/Ω	30
无功功率设定值 Q^*/kvar	6	虚拟电阻 R_v/Ω	0.13
有功负载 P_0/kW	3	虚拟电感 L_v/mH	0.48

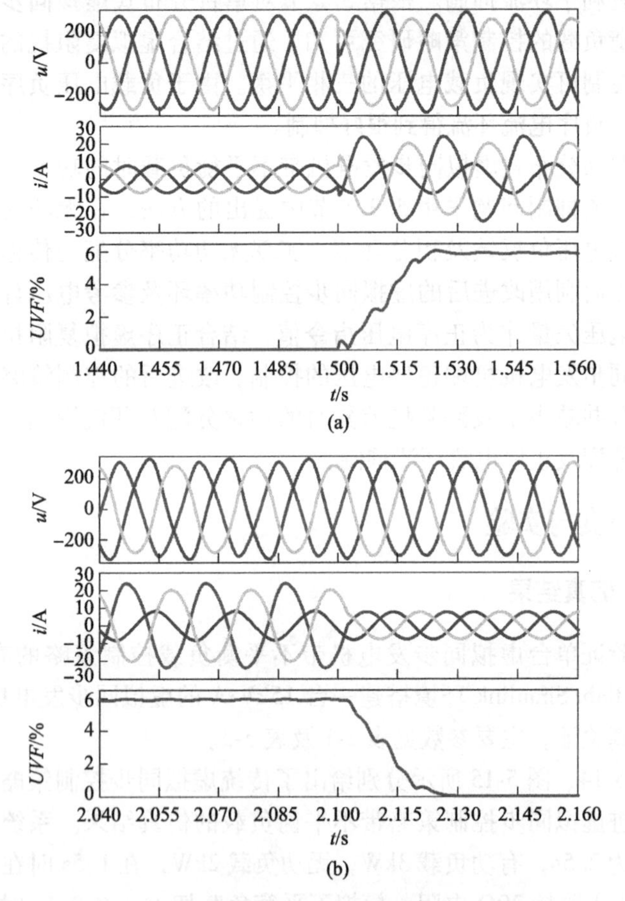

图 5-14 传统虚拟同步控制带不平衡负载响应

(a) 传统虚拟同步投入不平衡负载；(b) 传统虚拟同步切除不平衡负载

衡度为 6%，不满足电网相关标准的要求。本章所提的虚拟同步控制策略能有效抑制由不平衡负荷引起的负载电压三相不平衡问题，带不平衡负载时的稳态电压三相不平衡度为 0.2%。

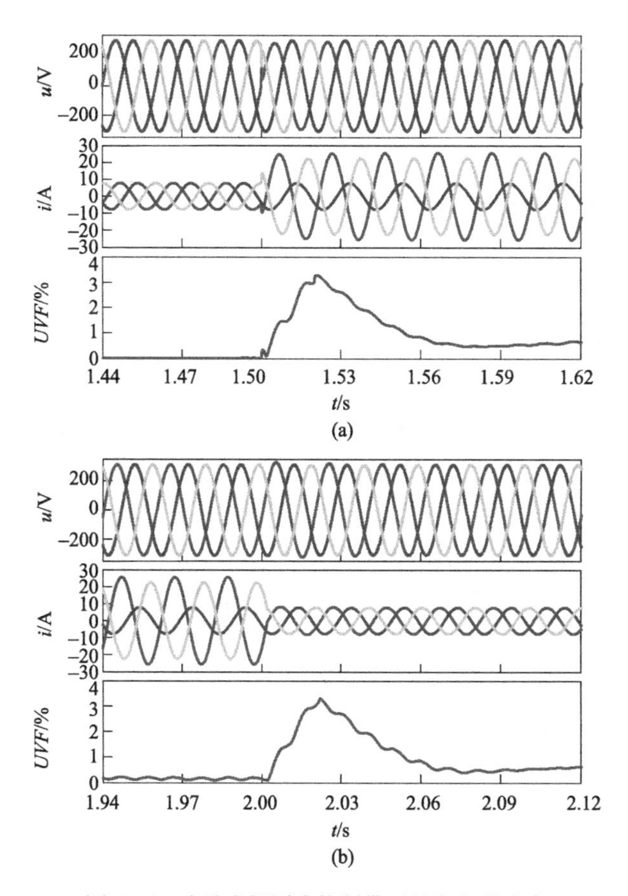

图 5-15 改进虚拟同步控制带不平衡负载响应

（a）改进虚拟同步投入不平衡负载；（b）改进虚拟同步切除不平衡负载

为验证并联虚拟同步控制策略的功率分配及电流环流抑制的有效性，使用 Matlab/Simulink 环境搭建 2 台 15kV·A 的虚拟同步发电机模型，进行仿真验证，主要参数见表 2-1 及表 5-4。

表 5-4 系统仿真参数

参数	取值	参数	取值
连线阻抗 $Z_{line\,1}/\Omega$	0.45+0.06j	无功负载 Q_0/kvar	6
连线阻抗 $Z_{line\,2}/\Omega$	0.55+0.07j	有功负载 P_0/kW	4
滤波器电感 L_1/mH、R_1/Ω	5、0.1	有功功率设定值 P^*/kW	9
滤波器电感 L_2/mH、R_2/Ω	4.8、0.1	无功功率设定值 Q^*/kvar	6
虚拟电感 L_v/mH	1	虚拟电阻 R_v/Ω	-0.2

系统整个仿真时间为 2s，在 0~0.6s 时，第 1 台虚拟同步发电机单独运行；在 0.6s 时，第 2 台虚拟同步发电机接入；在 1.2s 时，第 1 台虚拟同步发电机退出。

图 5-16、图 5-17 所示分别给出了传统虚拟同步控制策略和本章所提改进虚拟同步控制策略在 2 台虚拟同步发电机并联时的电压、电流及环流仿真结果。图 5-18 所示为 2 台虚拟同步发电机输出功率结果。由图可知，传统虚拟同步控制策略由于传输阻抗差异，无功功率无法实现均分，电流环流也受到阻抗差异影响。改进虚拟同步控制策略电流均流动态响应时间更短，稳态时电流环流幅值更小，无功功率分配效果得到明显改善。

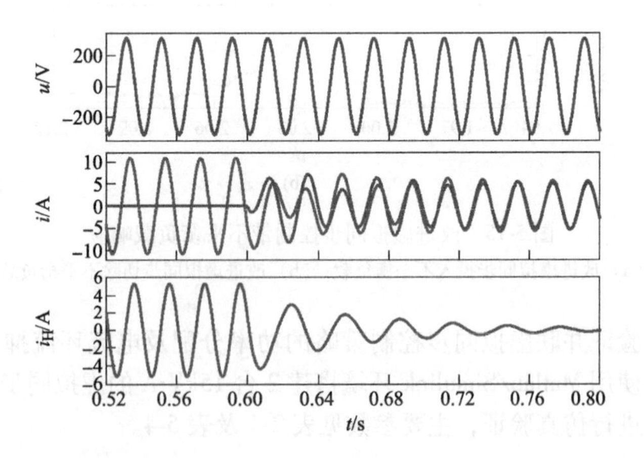

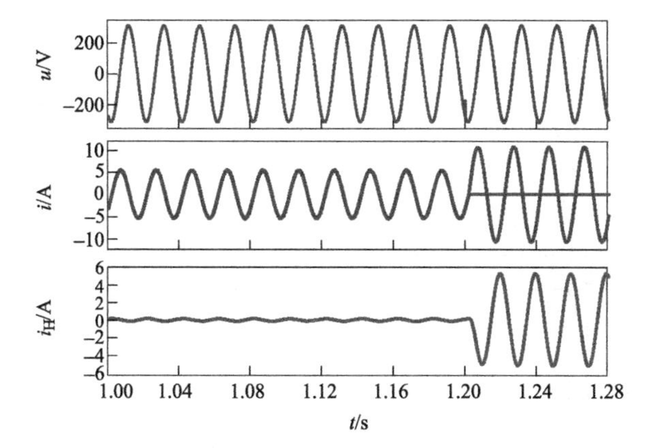

图 5-16 传统并联虚拟同步控制策略电压、电流及环流波形

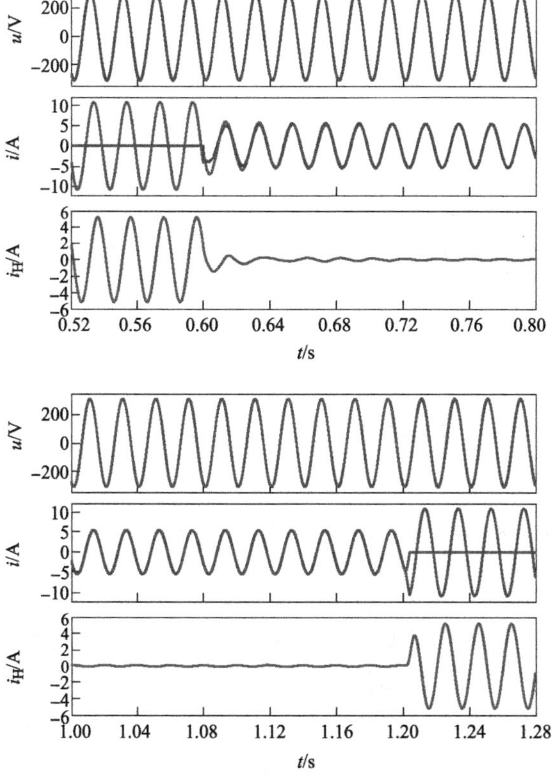

图 5-17 改进虚拟同步控制策略电压、电流及环流波形

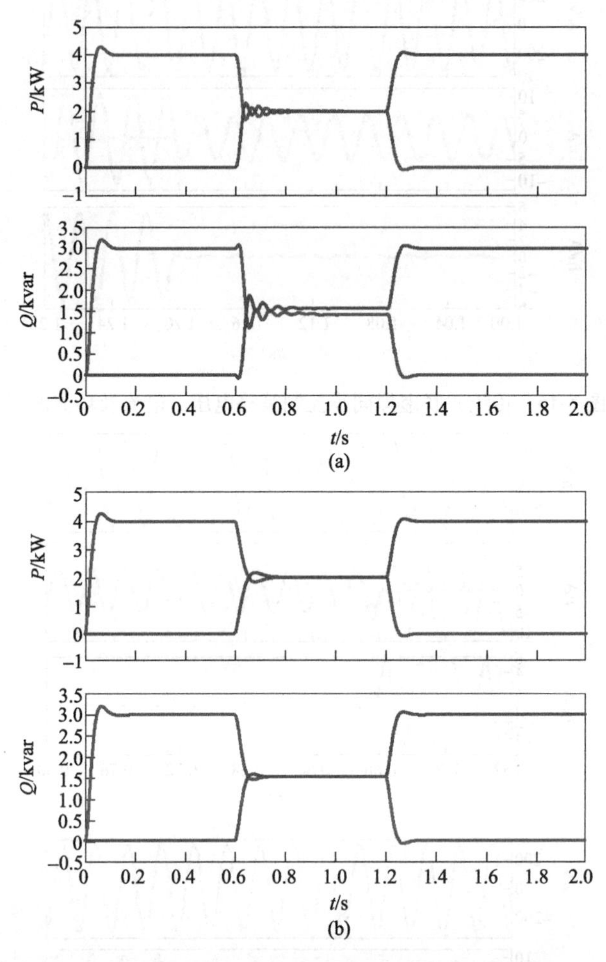

图 5-18　并联虚拟同步控制策略输出有功功率及无功功率
（a）传统虚拟同步控制策略；（b）改进虚拟同步控制策略

为验证并联虚拟同步控制策略在带不平衡公共负载时的有效性，使用 Matlab/Simulink 环境搭建 2 台 15kV·A 的虚拟同步发电机模型，进行仿真验证，主要参数见表 5-2。系统整个仿真时间为 1.2s，系统带有功负载 10kW，无功负载 4kvar，在 0.6s 时在 A 相与 C 相间投入跨接 10Ω 电阻。

在传输阻抗存在差异时，图 5-19、图 5-20 所示分别给出了传统虚拟同步控制策略和本章所提改进虚拟同步控制策略的仿真结果。由图可知，传统虚拟同步控制带不平衡负载时，电压不平衡度为 4.2%，不满足电网相关标准的要求。稳态环流大小为 1A，大于 2%

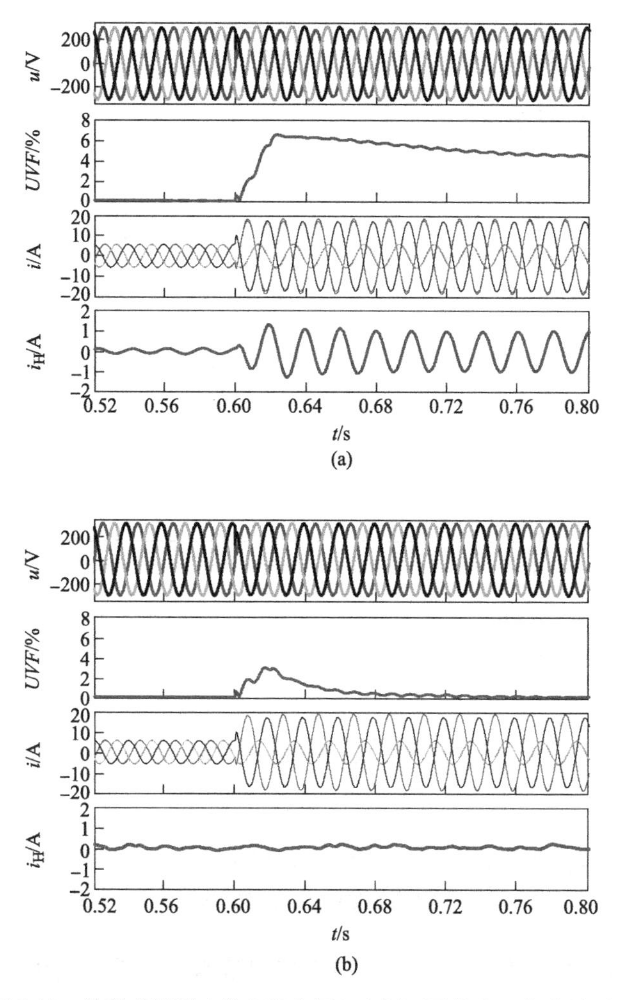

图 5-19 并联虚拟同步发电机电压、电压不平衡度、电流及环流
（a）传统虚拟同步控制策略；（b）改进虚拟同步控制策略

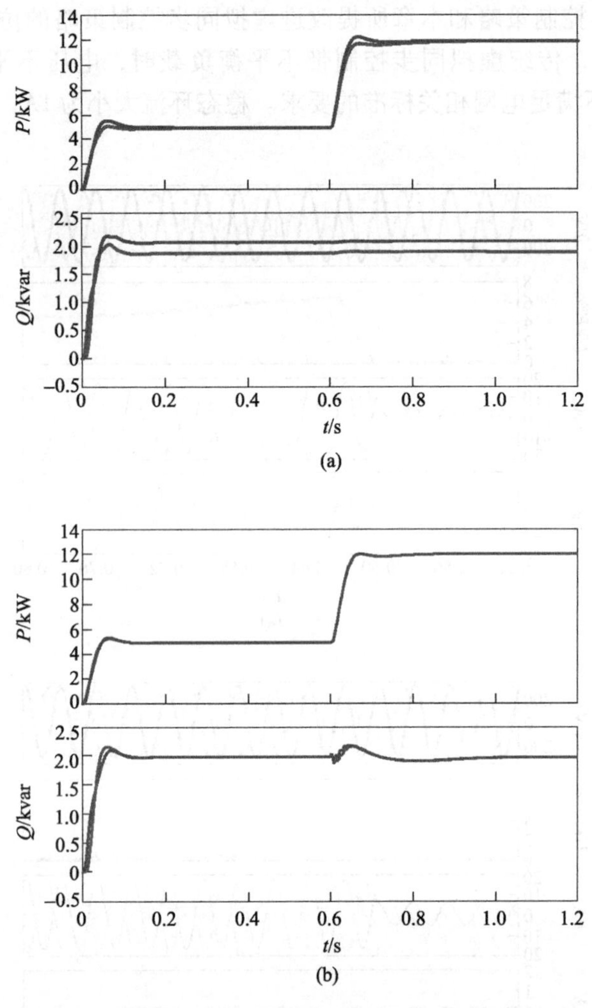

图 5-20　并联虚拟同步发电机输出有功功率及无功功率
（a）传统虚拟同步控制策略；（b）改进虚拟同步控制策略

电流环流标准。本章改进虚拟同步控制策略能有效抑制由不平衡负载引起的电压不平衡问题，带不平衡负载时的稳态电压不平衡度为 0.2%，环流大小为 0.2A 左右，满足相关标准要求。图 5-20 所示为

2 台虚拟同步发电机输出功率结果。由图可知，传统虚拟同步控制策略，由于传输阻抗的差异，造成无功功率无法实现均分，有功功率分配的动态响应时间长；改进虚拟同步控制策略实现了无功功率的均分，并且动态响应时间更短，环流抑制效果得到明显改善。

5.4.2 实验结果

为验证单台虚拟同步发电机带不平衡负载改进控制策略的有效性，搭建了 1 台 6kV·A 虚拟同步发电机测试平台进行实验验证，实验主要参数见表 2-2 及表 5-5。

表 5-5 实验参数

参数	取值	参数	取值
连线阻抗 Z_{line1}/Ω	0.4+0.06j	无功负载 Q_0/kvar	0
滤波器电感 L_1/mH、R_1/Ω	5、0.1	有功负载 P_0/kW	1
有功功率设定值 P^*/kW	4	无功功率设定值 Q^*/kvar	1
虚拟电感 L_v/mH	0.2	虚拟电阻 R_v/Ω	0.4

虚拟同步发电机带平衡负载大小为 1kW，在 A 相与 C 相之间接入 80Ω 电阻模拟不平衡负载接入情况。图 5-21 所示为基于传统虚拟同步控制策略及改进虚拟同步控制策略的虚拟同步发电机接入不平衡负载的电压电流波形，传统虚拟同步控制策略在接入不平衡负载后，输出电压三相不平衡，电压不平衡度为 7%；提出的改进虚拟同步控制策略在接入不平衡负载后能够有效抑制负载电压负序分量，保证负载电压三相平衡，电压不平衡度为 0.4%，提高了供电质量。

为验证改进并联虚拟同步控制策略的有效性，搭建了 2 台 6kV·A 虚拟同步发电机测试平台进行实验验证，实验主要参数见表 2-2 及表 5-6。

表 5-6　实验参数

参数	取值	参数	取值
连线阻抗 $Z_{line\,1}/\Omega$	0.4+0.06j	无功负载 Q_0/kvar	0
连线阻抗 $Z_{line\,2}/\Omega$	0.5+0.07j	有功负载 P_0/kW	3
滤波器电感 L_1/mH、R_1/Ω	5、0.1	有功功率设定值 P^*/kW	4
滤波器电感 L_2/mH、R_2/Ω	4.8、0.1	无功功率设定值 Q^*/kvar	1
虚拟电感 L_v/mH	1	虚拟电阻 R_v/Ω	-0.2

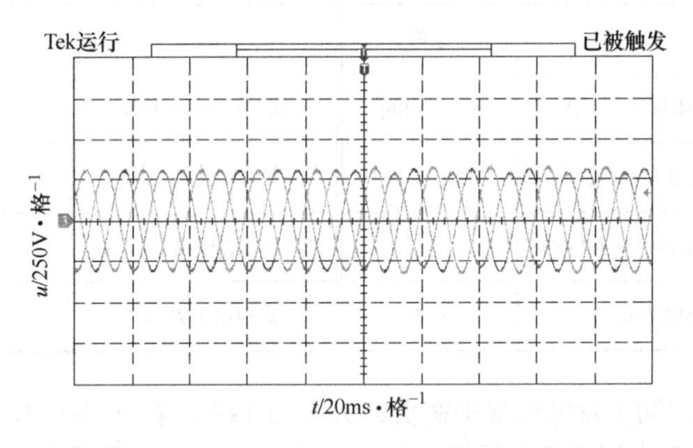

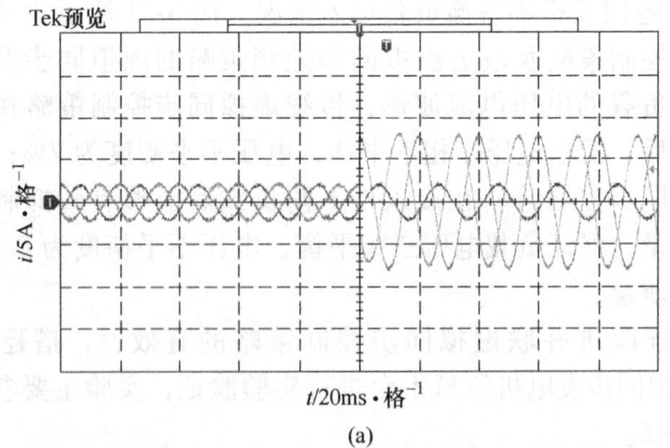

(a)

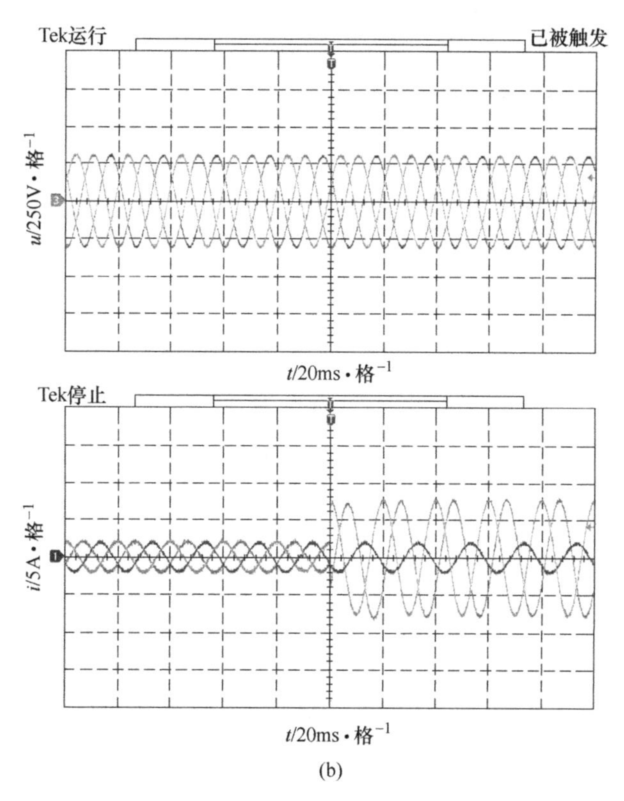

(b)

图 5-21 单台虚拟同步发电机带不平衡负载实验结果

(a) 传统虚拟同步控制策略；(b) 改进虚拟同步控制策略

并联虚拟同步发电机实验时，公共负载大小为 3kW，实验过程中，初始运行状态为单台虚拟同步发电机单独带负载运行，之后再接入另一台虚拟同步发电机。图 5-22 所示为 2 台并联虚拟同步发电机采用传统虚拟同步控制策略及改进虚拟同步控制策略的输出电流及环流波形，与传统控制方式相比，提出的改进虚拟同步控制策略能够更快速地加入系统，且环流更小。

并联虚拟同步发电机带不平衡负载实验时，公共负载大小为 3kW，在 A 相与 C 相之间接入 80Ω 电阻模拟不平衡负载接入情况，整个实验过程，初始运行状态为 2 台虚拟同步发电机并联运行，之

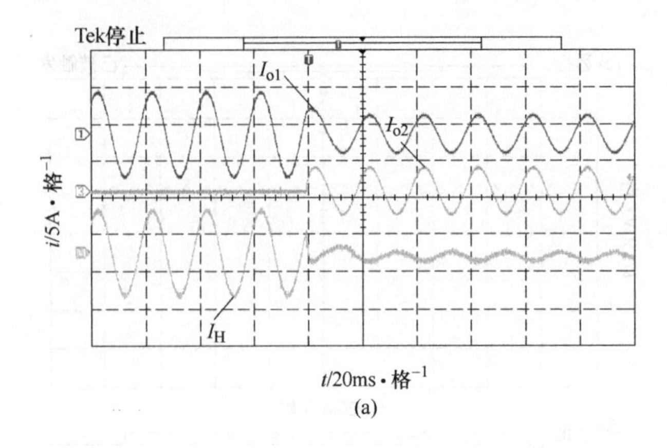

(a)

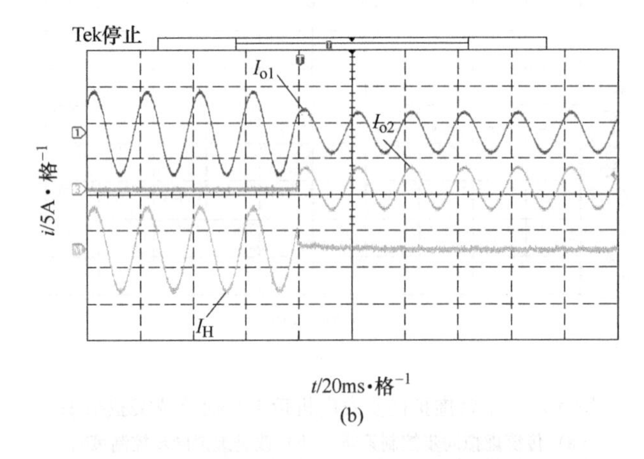

(b)

图 5-22　2 台虚拟同步发电机并联输出电流及环流

（a）传统虚拟同步控制策略；（b）改进虚拟同步控制策略

后再切入不平衡负载。图 5-23 所示为 2 台并联虚拟同步发电机带不平衡公共负载时的母线电压、输出电流及电流环流波形。在切入不平衡负载后，改进虚拟同步控制除了能够保证公共母线电压的三相平衡，还可以实现电流均分，环流较小。由此可见，在离网模式下并联虚拟同步发电机带不平衡负载时，所提出的改进控制方法能够实现母线电压平衡，并使得并联虚拟同步发电机具有较好的功率分配精度及环流抑制效果。

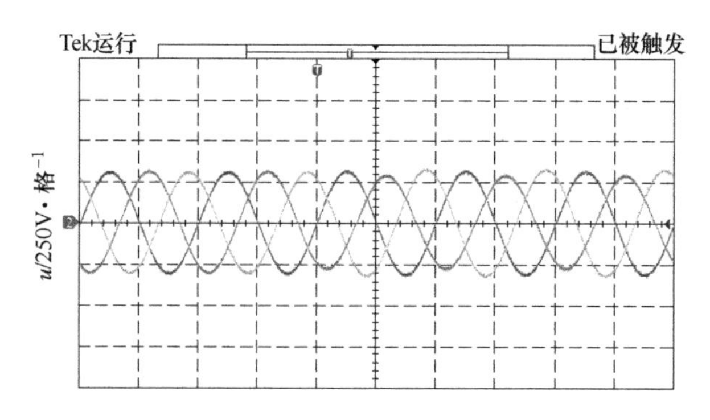
Tek运行
已被触发
u/250V · 格⁻¹
t/20ms · 格⁻¹

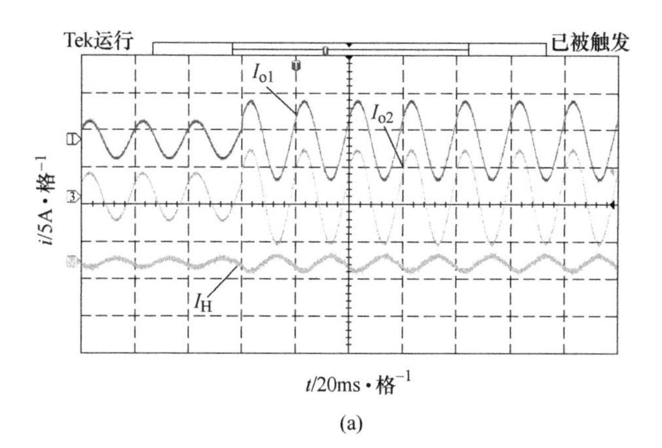
Tek运行
已被触发
I_o1
I_o2
I_H
i/5A · 格⁻¹
t/20ms · 格⁻¹

(a)

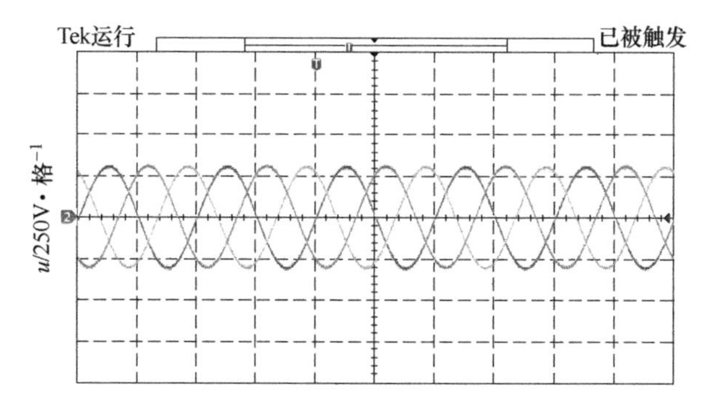
Tek运行
已被触发
u/250V · 格⁻¹
t/20ms · 格⁻¹

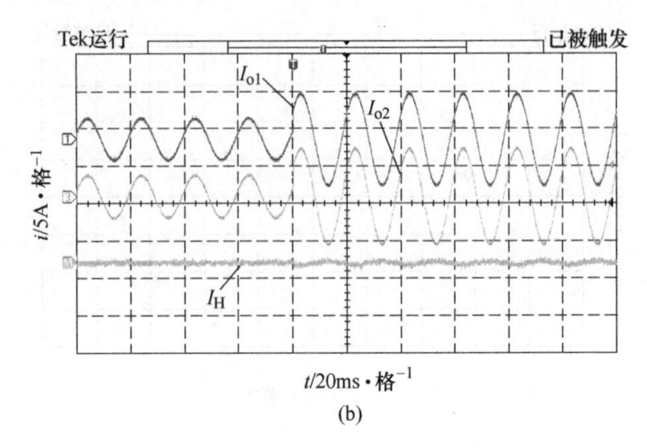

(b)

图 5-23　2 台虚拟同步发电机并联带不平衡负载输出电流及环流

（a）传统虚拟同步控制策略；（b）改进虚拟同步控制策略

6 研究展望

本书围绕分布式虚拟同步发电机在非理想运行环境下的运行特性及优化控制策略进行研究，包括相关的理论分析、控制策略的改进、数字仿真平台及物理实验平台的验证。对并网模式下分布式虚拟同步发电机低电压穿越、不平衡电网电压下分布式虚拟同步发电机的输出性能、离网模式下分布式虚拟同步发电机带不平衡负载及并联分布式虚拟同步发电机功率分配及电流环流抑制问题展开研究，具有一定理论及工程指导意义。上述工作还存在一些不足，需要在下一步的工作中进行深入的研究和探讨。

（1）目前对分布式虚拟同步发电机的认识仍停留在与同步发电机外特性相似性的层面上，分布式虚拟同步发电机性能评估指标不明确，制约了分布式虚拟同步发电机理论的发展及工程应用。结合源—网—荷动态特征，建立完整的分布式虚拟同步发电机性能指标体系，实现分布式虚拟同步发电机电网支撑能力的量化评估是一个急需解决的问题。

（2）现有的分布式虚拟同步发电机稳定性研究主要针对单台设备，但是在分布式虚拟同步发电机接入电网之后，其为电网提供一定的惯性及阻尼的同时，也会对电力系统的动力学特性产生影响，并且加深分布式虚拟同步发电机与电力系统之间的耦合程度。与此同时，分布式虚拟同步发电机虚拟惯量的提供是建立在储能装置的基础上，分布式虚拟同步发电机的应用需要考虑储能装置的特性及状态。因此，结合储能设备以及电力系统的非线性与不确定性，从系统层面上对分布式虚拟同步发电机稳定性进行研究，并利用分布式虚拟同步控制策略控制参数灵活可调的特点，提高系统稳定性，值得深入研究。此外，对分布式虚拟同步发电机的运行状态评估、故障诊断及容错控制算法的研究对于提高虚拟同步发电机并网生存能力、提高运行可靠性有着重要的理论价值和实际意义。

（3）分布式虚拟同步发电机大规模接入电网后，系统中存在大量不同类型的、不同容量等级的分布式逆变电源，在这种复杂应用环境下，需要对不同类型分布式逆变电源进行协调控制，包括分布式虚拟同步发电机与传统分布式逆变电源、分布式虚拟同步发电机之间、分布式虚拟同步发电机与传统同步发电机之间的协调控制，对于相关协调控制原则及要求的研究，是未来重要的研究方向。

（4）基于虚拟同步发电策略的源—网—荷自主电力系统运行机理及控制策略的研究也是未来的重要研究方向。应对分布式电源及用电设备的虚拟同步控制策略进行深入研究，并以此为基础建立统一的自主电力系统调节机制，使得分布式电源及负荷与同步发电机一样可以参与电网调节，增强系统稳定性。

参考文献

[1] 程明，张建忠，王念春. 可再生能源发电技术 [M]. 北京：机械工业出版社，2012.

[2] Abdullah M A, Muttaqi K M, Agalgaonkar A P. Sustainable energy system design with distributed renewable resources considering economic, environmental and uncertainty aspects [J]. Renewable Energy, 2015, 78: 165~172.

[3] 王文静，王斯成. 我国分布式光伏发电的现状与展望 [J]. 中国科学院院刊，2016, 31 (2): 165~172.

[4] 孟建辉，石新春，王毅，等. 改善微电网频率稳定性的分布式逆变电源控制策略 [J]. 电工技术学报，2015, 30 (4): 70~79.

[5] 李斌，刘天琪，李兴源. 分布式电源接入对系统电压稳定性的影响 [J]. 电网技术，2009 (3): 84~88.

[6] Adefarati T, Bansal R C. Reliability assessment of distribution system with the integration of renewable distributed generation [J]. Applied Energy, 2017, 185: 158~171.

[7] 陈炜，艾欣，吴涛，等. 光伏并网发电系统对电网的影响研究综述 [J]. 电力自动化设备，2013, 33 (2): 26~32.

[8] 王成山，王守相. 分布式发电供能系统若干问题研究 [J]. 电力系统自动化，2008, 32 (20): 1~4.

[9] Yilmaz M, Krein P T. Review of the impact of vehicle-to-grid technologies on distribution systems and utility interfaces [J]. IEEE Transactions on power electronics, 2013, 28 (12): 5673~5689.

[10] 李振兴，田斌，尹项根，等. 含分布式电源与随机负荷的主动配电网保护 [J]. 高电压技术，2017, 43 (4): 1231~1238.

[11] 别朝红，李更丰，王锡凡. 含微网的新型配电系统可靠性评估综述 [J]. 电力自动化设备，2011, 31 (1): 1~6.

[12] 范士雄，蒲天骄，刘广一，等. 主动配电网中分布式发电系统接入技术及其进展 [J]. 电工技术学报，2016, 31 (增刊2): 92~101.

[13] 丁明，王伟胜，王秀丽，等. 大规模光伏发电对电力系统影响综述 [J]. 中国电机工程学报，2014, 34 (1): 1~14.

[14] 钟庆昌. 虚拟同步机与自主电力系统 [J]. 中国电机工程学报，2017, 37 (2): 336~348.

[15] Kouro S, Leon J I, Vinnikov D, et al. Grid-connected photovoltaic systems: An overview of recent research and emerging PV converter technology [J]. IEEE Industrial Electronics Magazine, 2015, 9 (1): 47~61.

[16] 王成山，李琰，彭克. 分布式电源并网逆变器典型控制方法综述 [J]. 电力系统及其自动化学报，2012, 24 (2): 12~20.

[17] 曾正，赵荣祥，汤胜清，等．可再生能源分散接入用先进并网逆变器研究综述[J]．中国电机工程学报，2013，33（24）：1~12.

[18] 朱思国，欧阳红林，晏建玲．电流滞环控制级联型逆变器的矢量控制［J］．高电压技术，2012，38（5）：1260~1266.

[19] 王久和，慕小斌．基于无源性的光伏并网逆变器电流控制［J］．电工技术学报，2012，27（11）：176~182.

[20] 姚玮，陈敏，牟善科，等．基于反馈线性化的高性能逆变器数字控制方法［J］．中国电机工程学报，2010，30（12）：14~19.

[21] 王晶鑫，姜建国．基于预测算法和变结构的矩阵变换器驱动感应电机无差拍直接转矩控制［J］．中国电机工程学报，2010，30（33）：65~70.

[22] 许飞，马皓，何湘宁．电流源逆变器的新型离散无源性滑模变结构控制方法［J］．中国电机工程学报，2009，29（27）：9~14.

[23] 柏浩峰．光伏并网逆变器低电压穿越技术研究［D］．北京：中国矿业大学，2014.

[24] 安志龙．光伏并网控制策略与低电压穿越技术研究［D］．北京：华北电力大学，2012.

[25] 周京华，刘劲东，陈亚爱，等．大功率光伏逆变器的低电压穿越控制［J］．电网技术，2013，37（7）：1799~1807.

[26] 张雅静，郑琼林，马亮，等．采用双环控制的光伏并网逆变器低电压穿越［J］．电工技术学报，2013，28（12）：136~141.

[27] 顾浩瀚，蔡旭，李征．基于改进型电网电压前馈的光伏电站低电压穿越控制策略［J］．电力系统自动化设备，2017，37（7）：13~19.

[28] 郑重，杨耕，耿华．电网故障下基于撬棒保护的双馈风电机组短路电流分析［J］．电力自动化设备，2012，32（11）：7~15.

[29] 张琛，李征，蔡旭，等．采用定子串联阻抗的双馈风电机组低电压主动穿越技术研究［J］．中国电机工程学报，2015，35（12）：2943~2951.

[30] 杨淑英，陈刘伟，孙灯悦，等．非对称电网故障下的双馈风电机组低电压穿越暂态控制策略［J］．电力系统自动化，2014，38（18）：13~19.

[31] 刘素梅，毕天姝，薛安成，等．具有不对称故障穿越能力的双馈风力发电机组短路电流分析与计算［J］．电工技术学报，2016，31（19）：182~190.

[32] 姜惠兰，李天鹏，吴玉璋．双馈风力发电机的综合低电压穿越策略［J］．高电压技术，2017，43（6）：2062~2068.

[33] Reyes M，Rodriguez P，Vazquez S，et al. Enhanced decoupled double synchronous reference frame current controller for unbalanced grid-voltage conditions［J］. IEEE Transactions on power electronics，2012，27（9）：3934~3943.

[34] 王萌，夏长亮，宋战锋，等．不平衡电网电压条件下 PWM 整流器功率谐振补偿控制策略［J］．中国电机工程学报，2012，32（21）：46~53.

[35] 郭小强，邬伟扬，漆汉宏．电网电压畸变不平衡情况下三相光伏并网逆变器控制策

略 [J]. 中国电机工程学报, 2013, 33 (3): 22~28.

[36] Li Z, Li Y, Wang P, et al. Control of three-phase boost-type PWM rectifier in stationary frame under unbalanced input voltage [J]. IEEE Transactions on Power Electronics, 2010, 25 (10): 2521~2530.

[37] Wang F, Duarte J L, Hendrix M A M. Pliant active and reactive power control for grid-interactive converters under unbalanced voltage dips [J]. IEEE Transactions on Power Electronics, 2011, 26 (5): 1511~1521.

[38] Roiu D, Bojoi R I, Limongi L R, et al. New stationary frame control scheme for three-phase PWM rectifiers under unbalanced voltage dips conditions [J]. IEEE Transactions on Industry Applications, 2010, 46 (1): 268~277.

[39] Son Y, Ha J I. Direct power control of a three-phase inverter for grid input current shaping of a single-phase diode rectifier with a small DC-link capacitor [J]. IEEE Transactions on Power Electronics, 2015, 30 (7): 3794~3803.

[40] 沈永波, 年珩. 不平衡及谐波电网下基于静止坐标系的并网逆变器直接功率控制 [J]. 电工技术学报, 2016, 31 (4): 114~122.

[41] Vazquez S, Sanchez J A, Reyes M R, et al. Adaptive vectorial filter for grid synchronization of power converters under unbalanced and/or distorted grid conditions [J]. IEEE Transactions on Industrial Electronics, 2014, 61 (3): 1355~1367.

[42] Cheng P, Nian H, Wu C, et al. Direct stator current vector control strategy of DFIG without phase-locked loop during network unbalance [J]. IEEE Transactions on Power Electronics, 2017, 32 (1): 284~297.

[43] 郭小强, 张学, 卢志刚, 等. 不平衡电网电压下光伏并网逆变器功率/电流质量协调控制策略 [J]. 中国电机工程学报, 2014, 34 (3): 346~353.

[44] 年珩, 李龙奇, 程鹏. 谐波电压下并网逆变器的无锁相环直接功率控制 [J]. 中国电机工程学报, 2017, 37 (11): 3243~3253.

[45] Zeng Z, Yang H, Tang S, et al. Objective-oriented power quality compensation of multifunctional grid-tied inverters and its application in microgrids [J]. IEEE Transactions on Power Electronics, 2015, 30 (3): 1255~1265.

[46] Zeng Z, Zhao R, Yang H. Coordinated control of multi-functional grid-tied inverters using conductance and susceptance limitation [J]. IET Power Electronics, 2014, 7 (7): 1821~1831.

[47] 李小叶, 李永丽, 张玮亚, 等. 基于多功能并网逆变器的电能质量控制策略 [J]. 电网技术, 2015, 39 (2): 556~562.

[48] Rocabert J, Luna A, Blaabjerg F, et al. Control of power converters in AC microgrids [J]. IEEE Transactions on Power Electronics, 2012, 27 (11): 4734~4749.

[49] Chung I Y, Liu W, Cartes D A, et al. Control methods of inverter-interfaced distributed generators in a microgrid system [J]. IEEE Transactions on Industry Applications, 2010,

46 (3): 1078~1088.

[50] Guan Y J, Wu W Y, Guo X Q, et al. An improved droop controller for grid-connected voltage source inverter in microgrid [C]. Power Electronics for Distributed Generation Systems (PEDG), 2010 2nd IEEE International Symposium on. IEEE, 2010: 823~828.

[51] 陶勇，邓焰，陈桂鹏，等. 下垂控制逆变器中并网功率控制策略 [J]. 电工技术学报，2016，31 (22): 115~124.

[52] 姚骏，杜红彪，周特，等. 微网逆变器并联运行的改进下垂控制策略 [J]. 电网技术，2015，39 (4): 932~938.

[53] 周乐明，罗安，陈燕东，等. 一种低延时鲁棒功率下垂控制方法 [J]. 电工技术学报，2016，31 (11): 1~12.

[54] Zhong Q C. Harmonic droop controller to reduce the voltage harmonics of inverters [J]. IEEE Transactions on Industrial Electronics, 2013, 60 (3): 936~945.

[55] Zhong Q C, Zeng Y. Universal droop control of inverters with different types of output impedance [J]. IEEE Access, 2016, 4: 702~712.

[56] 王逸超，罗安，金国彬. 微网逆变器的改进鲁棒下垂多环控制 [J]. 电工技术学报，2015，30 (22): 116~123.

[57] 陈昕，张昌华，黄琦. 引入功率微分项的并网下垂控制逆变器小信号建模与分析 [J]. 电力自动化设备，2017，37 (2): 151~156.

[58] 肖朝霞，王成山，王守相. 含多微型电源的微网小信号稳定性分析 [J]. 电力系统自动化，2009，33 (6): 81~85.

[59] 米阳，夏洪亮，符杨，等. 基于鲁棒下垂控制策略的微网平滑切换 [J]. 电网技术，2016，40 (8): 2309~2315.

[60] 郭力，刘文建，焦冰琦，等. 独立微网系统的多目标优化规划设计方法 [J]. 中国电机工程学报，2014，34 (4): 524~536.

[61] 肖峻，白临泉，王成山，等. 微网规划设计方法与软件 [J]. 中国电机工程学报，2012，32 (25): 149~157.

[62] 杜燕. 微网逆变器的控制策略及组网特性研究 [D]. 合肥：合肥工业大学，2013.

[63] 杨新法，苏剑，吕志鹏，等. 微电网技术综述 [J]. 中国电机工程学报，2014，34 (1): 57~70.

[64] 刘芳. 基于虚拟同步机的微网逆变器控制策略研究 [D]. 合肥：合肥工业大学，2015.

[65] 孟建辉. 分布式电源的虚拟同步发电机控制技术研究 [D]. 保定：华北电力大学，2015.

[66] 张兴，朱德斌，徐海珍. 分布式发电中的虚拟同步发电机技术 [J]. 电源学报，2012 (3): 1~6.

[67] 郑天文，陈来军，陈天一，等. 虚拟同步发电机技术及展望 [J]. 电力系统自动化，2015，39 (21): 165~175.

[68] 吕志鹏，盛万兴，刘海涛，等. 虚拟同步机技术在电力系统中的应用与挑战 [J]. 中国电机工程学报，2017，37 (2)：349~359.

[69] 丁明，杨向真，苏建徽. 基于虚拟同步发电机思想的微电网逆变电源控制策略[J]. 电力系统自动化，2009，33 (8)：89~93.

[70] Edris A A. Proposed terms and definitions for flexible AC transmission system (FACTS) [J]. IEEE Transactions on Power Delivery, 1997, 12 (4): 1848~1853.

[71] Morren J, De Haan S W H, Ferreira J A. Contribution of DG units to primary frequency control [J]. International Transactions on Electrical Energy Systems, 2006, 16 (5): 507~521.

[72] Beck H P, Hesse R. Virtual synchronous machine [C]. Electrical Power Quality and Utilisation, 2007. EPQU 2007. 9th International Conference on. IEEE, 2007: 1~6.

[73] Chen Y, Hesse R, Turschner D, et al. Improving the grid power quality using virtual synchronous machines [C]. Power engineering, energy and electrical drives (POWERENG), 2011 International Conference on. IEEE, 2011: 1~6.

[74] De Haan S W H, Visscher K. Virtual synchronous machines for frequency stabilisation in future grids with a significant share of decentralized generation [C]. CIRED Seminar, 2008: 23~24.

[75] Visscher K, De Haan S W H. Virtual synchronous machines (VSG's) for frequency stabilisation in future grids with a significant share of decentralized generation[C]. SmartGrids for Distribution, 2008. IET-CIRED. CIRED Seminar. IET, 2008: 1~4.

[76] Zhong Q C, Weiss G. Synchronverters: Inverters that mimic synchronous generators [J]. IEEE Transactions on Industrial Electronics, 2011, 58 (4): 1259~1267.

[77] Sakimoto K, Miura Y, Ise T. Stabilization of a power system with a distributed generator by a virtual synchronous generator function [C]. Power Electronics and ECCE Asia (ICPE & ECCE), 2011 IEEE 8th International Conference on. IEEE, 2011: 1498~1505.

[78] Shintai T, Miura Y, Ise T. Oscillation damping of a distributed generator using a virtual synchronous generator [J]. IEEE Transactions on Power Delivery, 2014, 29 (2): 668~676.

[79] Alatrash H, Mensah A, Mark E, et al. Generator emulation controls for photovoltaic inverters [J]. IEEE Transactions on Smart Grid, 2012, 3 (2): 996~1011.

[80] D'Arco S, Suul J A, Fosso O B. Control system tuning and stability analysis of Virtual Synchronous Machines [C]. Energy Conversion Congress and Exposition (ECCE), 2013 IEEE. IEEE, 2013: 2664~2671.

[81] D'Arco S, Suul J A. Equivalence of virtual synchronous machines and frequency-droops for converter-based microgrids [J]. IEEE Transactions on Smart Grid, 2014, 5 (1): 394~395.

[82] 王金华，王宇翔，顾云杰，等. 基于虚拟同步发电机控制的并网变流器同步频率谐

振机理研究［J］. 电源学报，2016，14（2）：17~23.

［83］ 石荣亮，张兴，徐海珍，等. 基于虚拟同步发电机的微网运行模式无缝切换控制策略［J］. 电力系统自动化，2016，40（10）：16~23.

［84］ 陈来军，王任，郑天文，等. 基于参数自适应调节的虚拟同步发电机暂态响应优化控制［J］. 中国电机工程学报，2016，36（21）：5724~5731.

［85］ 石荣亮，张兴，刘芳，等. 不平衡与非线性混合负载下的虚拟同步发电机控制策略［J］. 中国电机工程学报，2016，36（22）：6086~6095.

［86］ Du Y，Guerrero J M，Chang L，et al. Modeling，analysis，and design of a frequency-droop-based virtual synchronous generator for microgrid applications［C］. ECCE Asia Downunder（ECCE Asia），2013 IEEE. IEEE，2013：643~649.

［87］ 吕志鹏，盛万兴，钟庆昌，等. 虚拟同步发电机及其在微电网中的应用［J］. 中国电机工程学报，2014，34（16）：2591~2603.

［88］ 吴恒，阮新波，杨东升，等. 虚拟同步发电机功率环的建模与参数设计［J］. 中国电机工程学报，2015，35（24）：6508~6518.

［89］ Wu H，Ruan X，Yang D，et al. Small-signal modeling and parameters design for virtual synchronous generators［J］. IEEE Transactions on Industrial Electronics，2016，63（7）：4292~4303.

［90］ Liu J，Miura Y，Ise T. Comparison of dynamic characteristics between virtual synchronous generator and droop control in inverter-based distributed generators［J］. IEEE Transactions on Power Electronics，2016，31（5）：3600~3611.

［91］ Lopes L A C. Self-tuning virtual synchronous machine：A control strategy for energy storage systems to support dynamic frequency control［J］. IEEE Transactions on Energy Conversion，2014，29（4）：833~840.

［92］ 侍乔明，王刚，马伟明，等. 直驱永磁风电机组虚拟惯量控制的实验方法研究［J］. 中国电机工程学报，2015，35（8）：2033~2042.

［93］ 张祥宇，付媛，王毅，等. 含虚拟惯性与阻尼控制的变速风电机组综合 PSS 控制器［J］. 电工技术学报，2015，30（1）：159~169.

［94］ Wang S，Hu J，Yuan X，et al. On inertial dynamics of virtual-synchronous-controlled DFIG-based wind turbines［J］. IEEE Transactions on Energy Conversion，2015，30（4）：1691~1702.

［95］ 袁敞，刘昌，赵天扬，等. 基于储能物理约束的虚拟同步机运行边界研究［J］. 中国电机工程学报，2017，37（2）：506~515.

［96］ 胡超，张兴，石荣亮，等. 独立微电网中基于自适应权重系数的 VSG 协调控制策略［J］. 中国电机工程学报，2017，37（2）：516~524.

［97］ Alipoor J，Miura Y，Ise T. Distributed generation grid integration using virtual synchronous generator with adoptive virtual inertia［C］. Energy Conversion Congress and Exposition（ECCE），2013 IEEE. IEEE，2013：4546~4552.

[98] 程冲，杨欢，曾正，等．虚拟同步发电机的转子惯量自适应控制方法［J］．电力系统自动化，2015，39（19）：82~89.

[99] Soni N，Doolla S，Chandorkar M C. Improvement of transient response in microgrids using virtual inertia［J］. IEEE transactions on power delivery，2013，28（3）：1830~1838.

[100] Alipoor J，Miura Y，Ise T. Power system stabilization using virtual synchronous generator with alternating moment of inertia［J］. IEEE Journal of Emerging and Selected Topics in Power Electronics，2015，3（2）：451~458.

[101] 李武华，王金华，杨贺雅，等．虚拟同步发电机的功率动态耦合机理及同步频率谐振抑制策略［J］．中国电机工程学报，2017，37（2）：381~390.

[102] 陈天一，陈来军，郑天文，等．基于模式平滑切换的虚拟同步发电机低电压穿越控制方法［J］．电网技术，2016，40（7）：2134~2140.

[103] 尚磊，胡家兵，袁小明，等．电网对称故障下虚拟同步发电机建模与改进控制［J］．中国电机工程学报，2017，37（2）：403~411.

[104] 陈天一，陈来军，汪雨辰，等．考虑不平衡电网电压的虚拟同步发电机平衡电流控制方法［J］．电网技术，2016，40（3）：904~909.

[105] 曾正，邵伟华，李辉，等．孤岛微网中虚拟同步发电机不平衡电压控制［J］．中国电机工程学报，2017，37（2）：372~380.

[106] Chen X，Ruan X，Yang D，et al. Step-by-step controller design of voltage closed-loop control for virtual synchronous generator［C］. Energy Conversion Congress and Exposition（ECCE），2015 IEEE. IEEE，2015：3760~3765.

[107] 黄汉奇．风力发电与光伏发电系统小干扰稳定研究［D］．武汉：华中科技大学，2012.

[108] 孟建辉，王毅，石新春，等．基于虚拟同步发电机的分布式逆变电源控制策略及参数分析［J］．电工技术学报，2014，29（12）：1~10.

[109] 杜燕，苏建徽，张榴晨，等．一种模式自适应的微网调频控制方法［J］．中国电机工程学报，2013，33（19）：67~75.

[110] 贾利虎，朱永强，孙小燕，等．基于模型电流预测控制的光伏电站低电压穿越控制方法［J］．电力系统自动化，2015，39（7）：68~74.

[111] 陶维青，李嘉茜，丁明，等．分布式电源并网标准发展与对比［J］．电气工程学报，2016（4）：1~8.

[112] 黄庆礼，唐红，蒋春旭，等．德国光伏中压并网标准述评［J］．电源技术，2017，41（1）：169~172.

[113] 李辉，付博，杨超，等．双馈风电机组低电压穿越的无功电流分配及控制策略改进［J］．中国电机工程学报，2012，32（22）：24~31.

[114] 孔祥平．含分布式电源的电网故障分析方法与保护原理研究［D］．武汉：华中科技大学，2014.

[115] Jaume M，Miguel C，Antonio C，et al. Control scheme for photovoltaic three-phase in-

verters to minimize peak current during unbalanced grid-voltagesags [J]. IEEE Transactions on Power Electronics, 2012, 27 (10): 4262~4271.

[116] Antonio C, Miguel C, Jaume M, et al. Active and reactive power strategies with peak current limitation for distributed generation inverters during unbalanced grid faults [J]. IEEE Transactions on Industrial Electronics, 2015, 62 (3): 1515~1525.

[117] 谭骞，徐永海，黄浩，等．不对称电压暂降情况下光伏逆变器输出电流峰值的控制策略 [J]. 电网技术，2015，39 (3)：601~608.

[118] 陈亚爱，刘劲东，周京华．太阳能并网逆变器故障穿越控制策略 [J]. 中国电机工程学报，2014，34 (21)：3405~3412.

[119] Alipoor J, Miura Y, Ise T. Voltage sag ride-through performance of virtual synchronous generator [J]. IEEJ Journal of Industry Applications, 2015, 4 (5): 654~666.

[120] 周啸，金新民，唐芬，等．三相四桥臂微网变流器在离网不平衡负载下的控制策略及其实现 [J]. 电力系统保护与控制，2013，41 (19)：24~31.

[121] 陈波，朱晓东，施涛，等．光伏电站低电压穿越技术要求与实现 [J]. 电气应用，2012，31 (1)：76~80.

[122] 阳建，刘勇，盘宏斌，等．基于虚拟同步机的微网逆变器无频差控制 [J]. 电网技术，2016，40 (7)：2001~2008.

[123] 李小强．LCL 滤波的并网逆变器非理想电网适应性分析及优化控制 [D]. 北京：中国矿业大学，2015.

[124] 熊平化，孙丹，邓伦杰．广义谐波电网环境电压源型并网变流器滑模变结构直接功率控制策略 [J]. 电网技术，2016，40 (6)：1845~1850.

[125] 年珩，於妮飒，曾嵘．不平衡电压下并网逆变器的预测电流控制技术 [J]. 电网技术，2013，37 (5)：1223~1229.

[126] Cheng P, Nian H. Direct power control of voltage source inverter in a virtual synchronous reference frame during frequency variation and network unbalance [J]. IET Power Electronics, 2016, 9 (3): 502~511.

[127] 王逸超，罗安，金国彬．微网逆变器的不平衡电压补偿策略 [J]. 中国电机工程学报，2015，35 (19)：4956~4964.

[128] 陈燕东．微电网多逆变器控制关键技术研究 [D]. 长沙：湖南大学，2014.

[129] Zhao X, Wu X H, Meng L X, et al. A direct voltage unbalance compensation strategy for islanded microgrids [C]. IEEE Applied Power Electronics Conference and Exposition (APEC). Charlotte, USA: NC, IEEE, 2015: 3252~3259.

[130] Savaghebi M, Jalilian A, Vasquez J C, et al. Autonomous voltage unbalance compensation in an islanded droop-controlled microgrid [J]. IEEE Transactions on Industrial Electronics, 2013, 60 (4): 1390~1402.

[131] Wang Y, Xu L, Williams B W. Compensation of network voltage unbalance using doubly fed induction generator-based wind farms [J]. IET Renewable Power Generation, 2009,

3 (1): 12~22.

[132] 陈燕东，罗安，龙际根，等．阻性逆变器并联环流分析及鲁棒下垂多环控制［J］. 中国电机工程学报，2013，33 (18): 18~29.

[133] 周洁，罗安，陈燕东，等．低压微电网多逆变器并联下的电压不平衡补偿方法［J］. 电网技术，2014，38 (2): 412~418.

[134] 吕志鹏，罗安．不同容量微源逆变器并联功率鲁棒控制［J］. 中国电机工程学报，2012，32 (12): 42~49.

[135] Zhong Q C. Robust droop controller for accurate proportional load sharing among inverters operated in parallel [J]. IEEE Transantions on Industrial Electronics, 2013, 60 (4): 1281-1290.

[136] 张平，石健将，李荣贵，等．低压微网逆变器的虚拟负阻抗控制策略［J］. 中国电机工程学报，2014，34 (12): 1844~1852.